教育部职业教育与成人教育司推荐教材
中等职业教育技能型紧缺人才教学用书

建筑工程测量放线

(建筑施工专业)

本教材编审委员会组织编写

主编　刘晓燕
主审　周建郑　于淑清

中国建筑工业出版社

图书在版编目（CIP）数据

建筑工程测量放线/本教材编审委员会组织编写. —北京：中国建筑工业出版社，2006（2024.6重印）
（教育部职业教育与成人教育司推荐教材. 中等职业教育技能型紧缺人才教学用书. 建筑施工专业）
ISBN 978-7-112-08074-8

Ⅰ. 建... Ⅱ. 本... Ⅲ. 建筑测量-专业学校-教材 Ⅳ. TU198

中国版本图书馆 CIP 数据核字（2006）第 061975 号

本书根据中等职业学校建筑施工专业领域技能型紧缺人才培养、培训指导方案研究小组于 2004 年 9 月制定的"测量放线"课题相关内容编写。全书分 4 个单元，第 1 单元介绍常用建筑施工测量放线仪器的构造和使用；第 2 单元介绍建筑施工放线的基本知识；第 3 单元介绍建筑施工放线工作；第 4 单元介绍高层建筑测量；附录中包括实测课题参考表格及三周综合实习的参考内容。

本书可作为中等职业学校建筑施工专业"测量放线"课程教学的教材；也可供施工现场施工人员参考阅读。

* * *

责任编辑：朱首明　吉万旺
责任设计：赵明霞
责任校对：王媛丽

教育部职业教育与成人教育司推荐教材
中等职业教育技能型紧缺人才教学用书

建筑工程测量放线
（建筑施工专业）
本教材编审委员会组织编写
主编　刘晓燕
主审　周建郑　于淑清

*

中国建筑工业出版社出版、发行（北京海淀三里河路 9 号）
各地新华书店、建筑书店经销
霸州市顺浩图文科技发展有限公司制版
建工社（河北）印刷有限公司印刷

*

开本：787×1092 毫米　1/16　印张：8　字数：195 千字
2006 年 7 月第一版　2024 年 6 月第二十次印刷
定价：**25.00** 元
ISBN 978-7-112-08074-8
（33464）

版权所有　翻印必究
如有印装质量问题，可寄本社退换
（邮政编码　100037）

本教材编审委员会名单
（建筑施工专业）

主 任 委 员：白家琪

副主任委员：胡兴福　诸葛棠

委　　　员：（按姓氏笔画为序）

丁永明	于淑清	王立霞	王红莲	王武齐	王宜群
王春宁	王洪健	王　琰	王　磊	方世康	史　敏
冯美宇	孙大群	任　军	刘晓燕	李永富	李志新
李顺秋	李多玲	李宝英	李　辉	张永辉	张若美
张晓艳	张道平	张　雄	张福成	邵殿昶	林文剑
周建郑	金同华	金忠盛	项建国	赵　研	郝　俊
南振江	秦永高	郭秋生	诸葛棠	鲁　毅	廖品槐
缪海全	魏鸿汉				

出 版 说 明

为深入贯彻落实《中共中央、国务院关于进一步加强人才工作的决定》精神，2004年10月，教育部、建设部联合印发了《关于实施职业院校建设行业技能型紧缺人才培养培训工程的通知》，确定在建筑（市政）施工、建筑装饰、建筑设备和建筑智能化四个专业领域实施中等职业学校技能型紧缺人才培养培训工程，全国有94所中等职业学校、702个主要合作企业被列为示范性培养培训基地，通过构建校企合作培养培训人才的机制，优化教学与实训过程，探索新的办学模式。这项培养培训工程的实施，充分体现了教育部、建设部大力推进职业教育改革和发展的办学理念，有利于职业学校从建设行业人才市场的实际需要出发，以素质为基础，以能力为本位，以就业为导向，加快培养建设行业一线迫切需要的技能型人才。

为配合技能型紧缺人才培养培训工程的实施，满足教学急需，中国建筑工业出版社在跟踪"中等职业教育建设行业技能型紧缺人才培养培训指导方案"（以下简称"方案"）的编审过程中，广泛征求有关专家对配套教材建设的意见，并与方案起草人以及建设部中等职业学校专业指导委员会共同组织编写了中等职业教育建筑（市政）施工、建筑装饰、建筑设备、建筑智能化四个专业的技能型紧缺人才教学用书。

在组织编写过程中我们始终坚持优质、适用的原则。首先强调编审人员的工程背景，在组织编审力量时不仅要求学校的编写人员要有工程经历，而且为每本教材选定的两位审稿专家中有一位来自企业，从而使得教材内容更为符合职业教育的要求。编写内容是按照"方案"要求，弱化理论阐述，重点介绍工程一线所需要的知识和技能，内容精炼，符合建筑行业标准及职业技能的要求。同时采用项目教学法的编写形式，强化实训内容，以提高学生的技能水平。

我们希望这四个专业的教学用书对有关院校实施技能型紧缺人才的培养具有一定的指导作用。同时，也希望各校在使用本套书的过程中，有何意见及建议及时反馈给我们，联系方式：中国建筑工业出版社教材中心（E-mail：jiaocai@cabp.com.cn）。

中国建筑工业出版社
2006年6月

前　言

本书是根据中等职业学校技能紧缺人才培养、培训指导方案中制定的"测量放线"课程教学大纲编写的中等职业学校建筑施工专业领域"测量放线"（60学时＋3W）教材，适用于中等职业教育的建筑施工、工业与民用建筑、建筑工程管理等专业领域，亦可供建筑施工人员参考阅读。

为了实现技能型紧缺人才的培养目标，突出技能型的特点，实现零距离就业上岗的目标，满足企业需求，本教材在编写过程中突出技能的培养，理论以能满足技能掌握要求为度，紧扣现阶段建筑施工现场的具体情况，力求模拟施工现场测量放线的顺序、步骤和要求及常用仪器的操作技能要求编写此教材，适当增加测绘领域新仪器、新方法、新技术等方面的内容，同时把工地上常用的测量放线工具及其使用方法也在教材中体现，这些简单易行而且常用的工具，在施工现场中发挥着重要作用。

本教材由刘晓燕主编，具体分工如下：单元1中课题1、单元2中课题1由河南省建筑工程学校张敬伟老师编写；单元1中课题2、课题3由广州土地房产管理学校刘兆煌老师编写；其余课题由刘晓燕老师编写；实训课题由张敬伟老师和刘晓燕老师共同编写；全书由刘晓燕老师统稿。

在本书的编写过程中，得到广州市建筑工程学校领导的关怀和帮助；广州市建筑工程学校钟铁民老师对全书进行多次审查和修改，同时参与实训课题及实训课题表格的编写；广州珠江建设监理工程公司监理工程师许伟然对本书编写给予大力支持和指导，及时提供施工现场的信息。本书由黄河水利职业技术学院周建郑和黑龙江建筑职业技术学院于淑清两位老师主审。在此诚致深深的谢意；对参考文献的作者诚致深深的谢意。

由于编者水平有限，书中难免有错漏之处，谨请使用本教材的师生与读者批评指正。

编　者

2005年8月

目 录

绪论 ··· 1

单元 1 常规测量仪器的使用 ·· 3
   课题 1 水准仪的使用及水准测量方法 ·· 3
   课题 2 经纬仪的使用及角度测量 ·· 17
   课题 3 全站仪及其使用 ··· 27
   实训课题 ·· 47
   思考题与习题 ·· 48

单元 2 建筑施工放线的基本知识 ·· 50
   课题 1 放样的基本工作和方法 ··· 50
   课题 2 建筑施工放线工具 ·· 55
   实训课题 ·· 59
   思考题与习题 ·· 59

单元 3 建筑施工放线 ··· 61
   课题 1 建筑施工放线相关图基本知识 ·· 61
   课题 2 建筑施工控制测量 ·· 68
   课题 3 建筑物施工过程测量工作 ·· 79
   实训课题 ·· 91
   思考题与习题 ·· 92

单元 4 高层建筑测量 ··· 93
   课题 1 高层建筑轴线投测及标高传递 ·· 93
   课题 2 建筑物变形观测 ··· 97
   实训课题 ·· 103
   思考题与习题 ·· 103

附录一 测量实训与实习须知 ·· 104

附录二 测量实验参考表格 ··· 107

附录三 综合实训内容及安排 ·· 120

参考文献 ··· 121

绪 论

1. 测量学的基本概念

测量学是研究地球的形状和大小,并确定地面点位置的科学,它的主要内容包括测定和测设两个方面。测定是利用测量仪器和工具,将地球表面的地物(地球表面的自然形成物及建筑物、构筑物)和地貌(地球表面的高低起伏的变化情况)按一定的比例尺缩绘成地形图。地形图是工程规划、设计和建设的重要依据;测设是把图纸上规划设计好的建筑物、构筑物的位置按一定的精度标定在地面上。测量放线是指工程项目在施工时,将建筑物、构筑物的位置(空间位置)按精度要求在地面上标定出来,作为施工的依据,保证建筑物、构筑物的位置符合相关法规、规范的要求。

2. 测量的基准面和基准线

地球的表面凹凸不平,有高山、深谷、河湖、海洋等,海洋面积最大。假设有一个平均、静止的海水面延伸穿过陆地,形成一个封闭的曲面,这个曲面称为"大地水准面",它是测量的基准面,我国的大地水准面是黄海平均海水面。在小区域范围内进行工程建设,采用大地水准面不方便时,可以利用水准面(地球上自由静止的水面)作为基准面。

大地水准面和水准面都是曲面,点投影在曲面上计算较复杂,当测区面积不大时(一般在半径 10km 的圆面积内),可以将水准面视为水平面(与水准面相切的平面),计算工作可以大大简化。

所以测量的基准面有大地水准面、水准面和水平面。

测量的基准线是铅垂线,它是物体的重力方向线。

3. 地面点位置的确定

一个地面点(空间点)位置是由三个量确定的,这三个量是地面点到基准面的铅垂距离(高程)以及该点在基准面的平面位置。

(1) 高程的种类

根据基准面的不同,高程可分为绝对高程和相对高程。工地上经常把高程称为标高,用 H 表示,A 点高程表示为 H_A。绝对高程是指地面点到大地水准面的铅垂距离,例如:黄海高程。若建筑图纸上采用黄海高程为设计标高,则此高程为绝对高程。相对高程是指地面点到任意水准面的铅垂距离。例如:建筑图纸上的 ±0.000。两点的高程之差称为高差,如图1所示。高差通常用仪器来测得,若已知一个点的高程(水准点)就可以求得其余各点的高程。我国的水准原点设在青岛的观象山上,其高程(该点到黄海平均海水面的铅垂距离)为 72.260m(1985年公布并命名为1985国家高程基准)。全国各地的高低都是以此点为基准测

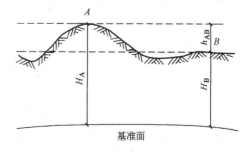

图 1 高程和高差的关系

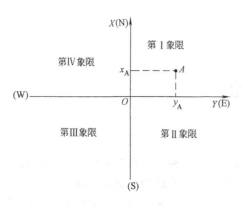

图 2 测量平面直角坐标系

量所得。

(2) 点在基准面上的位置

若测区不大，该基准面为平面，点在平面上的位置可以用平面直角坐标系中的 X、Y 来表示，如图 2 所示，图中 A 点的平面位置可以表示为 (x_A, y_A)，在测量时通常利用一个已知坐标值的点为基准，观测有关的角度与距离，然后通过计算而得待测点的坐标。平面位置中方向通常采用经纬仪获得，水平距离常用钢尺丈量，或采用测距仪、全站仪确定点的位置。

所以地面点的位置由该点在平面直角坐标系上投影点的坐标值和它的高程来确定。

4. 测量的基本工作和工作程序

(1) 测量的基本工作有高程测量、水平角测量、水平距离测量。

(2) 测量的基本原则和工作程序是"从整体到局部，先控制后碎部，边工作边校核"。例如：要确定一栋建筑物的首层平面位置和建筑物的 ± 0.000，首先必须根据规划部门给定的基准点（平面基准点和高程基准点）从建筑物的形状、大小、高低及施工场地情况出发确定建筑控制线（基线或方格网）及水准点（BM 点）。然后进行建筑物定位和标定各轴线位置，并根据设计要求确定其高低位置，建立较为合理的校核条件和方法。若一项测量任务没有校核条件和方法，不算是一个完整的测量方案，假如完成一项测量任务之后，不知道其测量成果产生的误差值是多少或精度是否达到要求，这样的测量成果是不科学的，也是不可取的。

单元 1 常规测量仪器的使用

知识点：水准仪的使用及水准测量方法；经纬仪的使用及水平角测量方法；全站仪的基本功能及使用；水准仪和经纬仪检验校正。

教学目标：会用水准仪测定地面上两点间的高差；闭合水准路线的测量和计算；会用经纬仪测量水平角；会用全站仪进行角度、距离和坐标测量。

课题 1 水准仪的使用及水准测量方法

水准测量使用的仪器称为水准仪，按仪器精度分，有 DS05、DS1、DS3、DS10 四种型号的仪器。D、S 分别为"大地测量"和"水准仪"的汉语拼音第一个字母；数字 05、1、3、10 表示该仪器的精度。如 DS3 型水准仪，表示该型号仪器进行水准测量每千米往、返测高差精度可达±3mm。DS3 水准仪是测量放线中常用的仪器。图 1-1 是我国生产的 DS3 型微倾式水准仪。

1.1 水准仪的使用

1.1.1 DS3 水准仪的构造

根据水准测量原理，水准仪的主要作用是提供一条水平视线，并能照准水准尺进行读数。因此，水准仪主要由望远镜、水准器及基座三部分构成。图 1-1 所示是我国生产的 DS3 型微倾式水准仪。

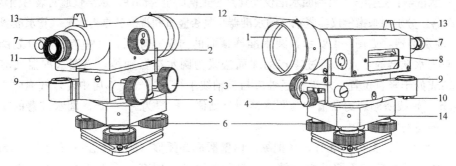

图 1-1 DS3 型微倾式水准仪

1—物镜；2—对光螺旋；3—微动螺旋；4—制动螺旋；5—微倾螺旋；6—脚螺旋；7—符合水准器放大镜；8—水准管；9—圆水准器；10—圆水准器校正螺旋；11—目镜；12—准星；13—照门；14—基座

(1) 望远镜：图 1-2 是 DS3 型微倾式水准仪望远镜的构造图，主要由物镜 1、目镜 2、调焦透镜 3 和十字丝分划板 4 所组成。

物镜和目镜多采用复合透镜组。物镜的作用是和调焦透镜一起将远处的目标在十字丝分划板上形成缩小而明亮的实像，目镜的作用是将物镜所成的实像与十字丝一起放大成

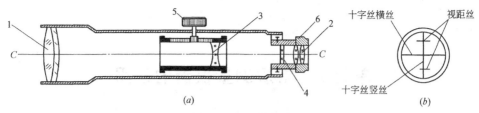

图 1-2 望远镜构造

1—物镜；2—目镜；3—调焦透镜；4—十字丝分划板；5—物镜对光螺旋；6—调焦螺旋

虚像。

十字丝分划板是一块刻有分划线的透明薄平板玻璃片。分划板上互相垂直的两条长丝，称为十字丝。纵丝亦称竖丝，横丝亦称中丝。上、下两条对称的短丝称为视距丝，用于测量距离。操作时利用十字丝交叉点和中丝瞄准目标并读取水准尺上的读数。

望远镜的十字丝交叉点与物镜光心的连线，称为视准轴（图 1-3 中的 C-C）。延长视准轴并使其水平，即得水准测量中所需的水平视线。

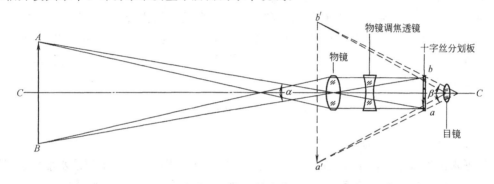

图 1-3 望远镜成像原理

（2）水准器：是操作人员判断水准仪安置是否正确的重要部件。水准仪通常装有圆水准器和管水准器，分别用来指示仪器竖轴（圆水准器）是否竖直和视准轴是否水平（管水准器）。

1）圆水准器：如图 1-4 所示，圆水准器顶面的内壁是球面，其中有圆形分划圈，圆圈的中心为水准器的零点。通过零点的球面法线为圆水准器轴线，当圆水准器气泡居中时，该轴线处于竖直位置。水准仪竖轴应与该轴线平行。当气泡不居中时，气泡中心偏离零点 2mm，轴线所倾斜的角值称为圆水准器分划值，一般为 $8'\sim10'$。圆水准器的功能是用于仪器的粗略整平。

2）管水准器：又称水准管，是把纵向内壁磨成圆弧形（圆弧半径一般为 7~20m）的玻璃管，管内装酒精和乙醚的混合液，加热融封冷却后留有一个近于真空的气泡（见图 1-5）。由于气泡较液体轻，故恒处于管内最高位置。

水准管上一般刻有间隔 2mm 的分划线，分划线的对称中点 O 称为水准管零点。通过零点作水准管圆弧的纵切线，称为水准管轴（图 1-5 中 $L—L$）。当水准管的气泡中点与水准管零点重合时，称为气泡居中，这时水准管轴处于水平位置，否则水准管轴处于倾斜位置。水准管圆弧 2mm 所对的圆心角 τ 称为水准管分划值，即

$$\tau=\frac{2}{R}\rho \tag{1-1}$$

式中 ρ——一弧度相应的秒值，$\rho=\dfrac{180\times60\times60}{\pi}=206265''$；

R——水准管内圆弧半径（mm）。

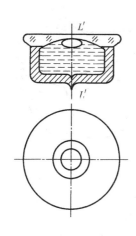

图 1-4 圆水准器

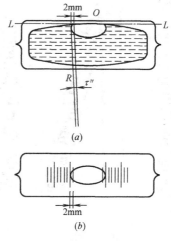

图 1-5 管水准器

DS3 水准仪水准管的分划值为 $20''$，记作 $20''/2\text{mm}$。由于水准管的精度较高，因而用于仪器的精确整平。

为提高水准管气泡居中精度，DS3 水准仪在水准管的上方安装一组符合棱镜，如图 1-6 所示。通过符合棱镜的折光作用，使气泡两端的像反映在符合气泡观察窗中。若气泡两端的像成吻合状态时，表示气泡居中；若成错开状态，则表示气泡不居中。这时，应转动微倾螺旋，使气泡的像吻合。

(3) 基座：主要由轴座、脚螺旋、底板和三角压板构成（见图 1-1）。其作用是支承仪器的上部，即将仪器的竖轴插入轴座内旋转。脚螺旋用于调整圆水准器气泡居中。底板通过连接螺旋与下部三脚架连接。

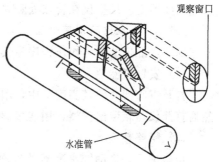

图 1-6 水准管与符合棱镜

1.1.2 水准尺和尺垫

水准尺是水准测量时使用的标尺，常用干燥的优质木料、玻璃钢、铝合金等材料制成。水准尺有塔尺、折尺和直板尺。

塔尺（图 1-7）仅用于等外水准测量，其长度有 3m 和 5m 两种，分两节或三节套接而成。塔尺可以伸缩，尺底为零点，尺上黑白格相间，每格宽度为 1cm，有的为 0.5cm，每米和分米处皆注有数字。数字有正字和倒字两种。数字上加红点表示米数，如表示 1.8、2.5m 等。

直板尺多用于三、四等水准测量。其长度为 3m，两根尺为一对，尺的两面均有刻画，一面为红白相间称为红面尺，另一面为黑白相间称为黑面尺，两面的刻画均为 1cm，并在分米处注字。两根尺的黑面底部均为零；而红面底部，一根尺为 4.678m，另一根为 4.787m。

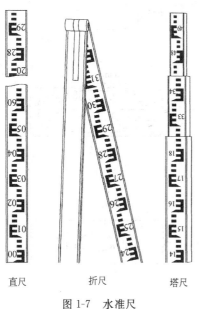
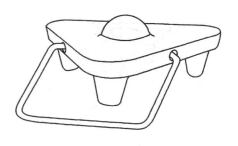

图 1-7 水准尺　　　　　　　　　图 1-8 尺垫

尺垫是用生铁铸成,一般为三角形,中央有一凸起的半球体,下部有三个支脚,如图 1-8 所示。水准测量时,将支脚牢固地踩入地下,然后将水准尺立于半球顶上,用以保持尺底高度不变。尺垫仅在转点处竖立水准尺时使用。

1.1.3　水准仪的使用步骤

DS3 水准仪的基本操作程序为安置仪器、粗略整平、瞄准水准尺、精确整平和读数。

(1) 安置仪器

打开三脚架并使其高度适中,用目估法使架头大致水平,检查三脚架是否安设牢固。然后打开仪器箱取出仪器,用连接螺旋将水准仪连接固定在三脚架上。

(2) 粗略整平

粗略整平是借助圆水准器的气泡居中,使仪器竖轴大致竖直,从而使视准轴粗略水平。利用脚螺旋使圆水准器气泡居中的操作步骤如图 1-9 所示,用两手按相对方向转动脚螺旋 1 和 2,使气泡沿着 1、2 连线方向由 a 移至 b,再转动脚螺旋 3,使气泡由 b 移至中心。整平时气泡移动的方向与左手大拇指转动脚螺旋的方向一致。

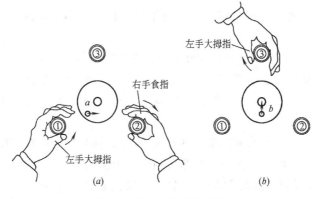

图 1-9　圆水准器气泡整平

（3）瞄准水准尺

首先进行目镜调焦，即把望远镜对着明亮的背景，转动目镜调焦螺旋，使十字丝清晰。转动望远镜，使照门和准星的连线对准水准尺，拧紧制动螺旋，转动物镜调焦螺旋，使水准尺的像最清晰。然后转动水平微动螺旋，使十字丝纵丝照准水准尺边缘或中央。

当眼睛在目镜端上下微微移动时，若发现十字丝的横丝在水准尺上的位置随之变动，这种现象称为视差（图1-10a）。产生视差的原因是水准尺成像的平面和十字丝平面不重合。视差的存在将会影响读数的正确性，应加以消除。消除的方法是重新仔细地进行物镜调焦，直到眼睛上下移动时读数不变为止（图1-10b）。

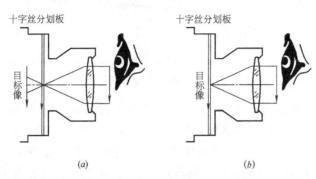

图1-10 视差现象
(a) 没有视差现象；(b) 有视差现象

（4）精确整平

眼睛通过目镜左方符合气泡观察窗观察水准管气泡，用右手缓慢而均匀地转动微倾螺旋，使气泡两端的像吻合（如图1-6）。

（5）读数

当确认水准管气泡居中时，应立即根据中丝在尺上读数，先估读毫米数，然后报出全部读数。如图1-11（a）所示，读数为1.608，但习惯上只念"1608"四位数而不读小数点，即以毫米为单位。

精平和读数虽是两项不同的操作步骤，但在水准测量的实施过程中，却把两项操作视为一个整体。即精平后再读数，读数后还要检查水准管气泡是否符合，只有这样，才能取得正确的成果。

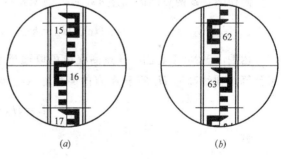

图1-11 水准尺读数
(a) 黑面读数1608；(b) 红面读数6295

1.2 水准测量方法

1.2.1 一测站水准测量方法

水准测量是利用水准仪提供的水平视线，借助水准尺读数来测定地面点之间的高差，从而由已知点的高程推算出待测点的高程。

如图1-12所示，欲测定A、B两点间的高差h_{AB}，可在A、B两点分别竖立水准尺，

在 A、B 之间安置水准仪。利用水准仪提供的水平视线，分别读取 A 点水准尺上的读数 a 和 B 点水准尺上的读数 b，则 A、B 两点高差为：

$$h_{AB}=a-b \tag{1-2}$$

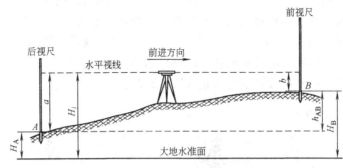

图1-12 水准测量原理图

水准测量方向是由已知高程点开始向待测点方向行进的。在图1-12中，A 为已知高程点，B 为待测点，则 A 尺上的读数 a 称为后视读数，B 尺上的读数 b 称为前视读数。由此可见，两点之间的高差一定是"后视读数"减"前视读数"。如果 $a>b$，则高差 h_{AB} 为正，表示 B 点比 A 点高；如果 $a<b$，则高差 h_{AB} 为负，表示 B 点比 A 点低。

在计算高差 h_{AB} 时，一定要注意 h_{AB} 下标 AB 的写法：h_{AB} 表示 A 点至 B 点的高差，h_{BA} 则表示 B 点至 A 点的高差，两个高差应该是绝对值相同而符号相反，即

$$h_{AB}=-h_{BA} \tag{1-3}$$

测得 A、B 两点间的高差 h_{AB} 后，则未知点 B 的高程 H_B 为：

$$H_B=H_A+h_{AB}=H_A+(a-b) \tag{1-4}$$

由图1-12可以看出，B 点高程也可以通过水准仪的视线高程 H_i（也称为仪器高程）来计算，视线高程 H_i 等于 A 点的高程加 A 点水准尺上的后视读数 a，即

$$H_i=H_A+a \tag{1-5}$$

则

$$H_B=H_i-b \tag{1-6}$$

一般情况下，用式（1-4）计算未知点 B 的高程 H_B，称为高差法（或叫中间水准法）。当安置一次水准仪需要同时求出若干个未知点的高程时，则用式（1-6）计算较为方便，这种方法称为视线高法。此法是在每一个测站上测定一个视线高程作为该测站的常数，分别减去各待测点上的前视读数，即可求得各未知点的高程，这在土建工程施工中经常用到。

1.2.2 水准路线的测量和计算

（1）用水准测量方法测定的高程控制点称为水准点（Bench Mark 记为BM）。水准点的位置应选在土质坚实、便于长期保存和使用方便的地方。水准点按其精度分为不同的等级。国家水准点分为四个等级，即一、二、三、四等水准点，按国家规范要求埋设永久性

标石标志。地面水准点按一定规格埋设,在标石顶部设置有不易腐蚀的材料制成的半球状标志(图1-13a);墙上水准点应按规格要求设置在永久性建筑物的墙脚上(图1-13b)。

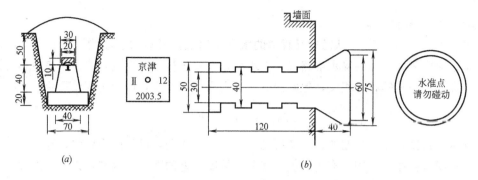

图1-13 水准点标志埋设图
(a)混凝土水准点标石(单位:cm);(b)墙角水准点标志埋设(单位:mm)

地形测量中的图根水准点和一些施工测量中使用的水准点,常采用临时性标志,可用木桩或铁道的钢钉打入地面,也可在地面上突出的坚硬岩石或房屋四周水泥面、台阶等处用油漆作出标志。

(2)水准路线的基本形式

水准测量是按一定的路线进行的。将若干个待测点按施测前进的方向连接起来,称为水准路线。水准路线有附合水准路线、闭合水准路线和支水准路线。

1)附合水准路线

如图1-14(a)所示,从一个已知高程值的水准点(已知高程值的点称为水准点,英文代号BM)起,沿各待测点进行水准测量,最后联测到另一个已知高程值的水准点,这种形式称为附合水准路线。附合水准路线中各测段实测高差的代数和应等于两已知水准点间的高差。由于实测高差存在误差,使两者之间不完全相等,其差值称为高差闭合差f_h,即

$$f_h = \sum h_{测} - (H_{终} - H_{始}) \tag{1-7}$$

式中 $H_{终}$——附合路线终点高程;
$H_{始}$——起点高程。

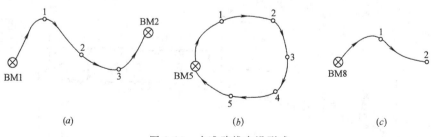

图1-14 水准路线布设形式

2)闭合水准路线

如图1-14(b)所示,从一已知高程值的水准点出发,沿环形路线进行水准测量,最后测回到原起始水准点,这种形式称为闭合水准路线。理论上闭合水准路线总高差(即各

测段高差的代数和）应为零，但实测高差总和不一定为零，从而产生闭合差 f_h，即

$$f_h = \sum h_{测} \tag{1-8}$$

3) 支水准路线

如图 1-14（c）所示，从已知高程值的水准点出发，最后没有联测到另一已知水准点上，也未形成闭合，称为支水准路线。支水准路线要进行往、返测，往测高差总和与返测高差总和应大小相等符号相反。但实测值两者之间存在差值，即产生高差闭合差 f_h，为

$$f_h = \sum h_{往} + \sum h_{返} \tag{1-9}$$

往返测量即形成往返路线，其实质已与闭合路线相同，可按闭合路线计算。

高差闭合差是各种因素产生的测量误差，故闭合差的数值应该在容许值范围内，否则应检查原因，返工重测。

图根水准测量高差闭合差容许值为：

平地 $\quad f_{h容} = \pm 40\sqrt{L}$ （mm）

山地 $\quad f_{h容} = \pm 12\sqrt{n}$ （mm）

$$\tag{1-10}$$

四等水准测量高差闭合差容许值为：

平地 $\quad f_{h容} = \pm 20\sqrt{L}$ （mm）

山地 $\quad f_{h容} = \pm 6\sqrt{n}$ （mm）

$$\tag{1-11}$$

式（1-10）和式（1-11）中：L 为水准路线总长（以 "km" 为单位）；n 为测站数。

(3) 水准路线的测量和计算

1) 水准路线的测量

当已知水准点与待测高程点的距离较远或两点间高差很大、安置一次仪器无法测得两点间的高差时，就需要把两点间分成若干测站，连续安置仪器测出每站的高差，然后依次推算高差和高程。

如图 1-15 所示，水准点 BM_A 的高程为 100.250m，现拟测定 B 点的高程，施测步骤如下：

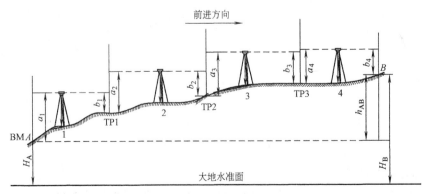

图 1-15

在离 A 适当距离处选择点 TP1，安放尺垫，在 A、TP1 两点分别竖立水准尺。在距 A 点和 TP1 点大致等距离处安置水准仪，瞄准后视点 A，精平后读得后视读数 a_1 为 1.364，记入水准测量手簿（表1-1）。旋转望远镜，瞄准前视点 TP1，精平后读得前视读数 b_1 为 0.979，记入手簿。计算出 A、TP1 两点间的高差为 +0.385。此为一个测站的工作。

水准测量手簿　　　　　　　　　　　　　表 1-1

测站	测点	水准尺读数		高　差		初算高程	备注
		后视 a	前视 b	+	−		
1	BM_A	1.364		+0.385		100.250	已知高程
	TP1		0.979				
2	TP1	1.259		+0.547		100.635	
	TP2		0.712				
3	TP2	1.278		+0.712		101.182	
	TP3		0.566				
4	TP3	0.864			−1.000	101.894	
	BM_B		1.864			100.894	
计算检核	Σ	4.765	4.121	$\Sigma h=$ +0.644		$H_终 − H_始$	
	$\Sigma a − \Sigma b$	+0.644				+0.644	

点 TP1 的水准尺不动，将 A 点水准尺，立于点 TP2 处，水准仪安置在 TP1、TP2 点之间，与上述相同的方法测出 TP1、TP2 点的高差，依次测至终点 B。

每一测站可测得前、后视两点间的高差，即

$$h_1 = a_1 - b_1$$
$$h_2 = a_2 - b_2$$
$$h_3 = a_3 - b_3$$
$$h_4 = a_4 - b_4$$

将各式相加，得：

$$h_{AB} = \Sigma h = \Sigma a - \Sigma b$$

B 点高程为：

$$H_B = H_A + \Sigma h \tag{1-12}$$

在上述施测过程中，点 TP1、TP2、TP3 是临时的立尺点，作为传递高程的过渡点，称为转点（Turning Point 简记为 TP）。转点无固定标志，无须算出高程。

A、B 两点间增设的转点起着传递高程的作用。为了保证高程传递的正确性，在连续水准测量过程中，不仅要选择土质稳固的地方作为转点位置（须安放尺垫），而且在相邻测站的观测过程中，要保持转点（尺垫）稳定不动；同时要尽可能保持各测站的前后视距大致相等；还要通过调节前、后视距，尽可能保持整条水准路线中的前视视距之和与后视视距之和相等,这样有利于消除(或减弱)地球曲率和仪器误差对高差的影响。

注意在每站观测时,应尽量保持前、后视距相等,视距可由上下丝读数之差乘以100求得。每次读数时均应使符合水准气泡严密吻合,每个转点均应安放尺垫,但所有已知水准点和待求高程点上不能放置尺垫。

在每一站测量时,任何一个观测数据出现错误,都将导致所测得的高差不正确。为保证观测数据的正确性,通常采用双面尺法或变动仪高法进行测站检核。

① 双面尺法

在每测站上,仪器高度不变,分别测出两点的黑面尺高差和红面尺高差。若同一水准尺红面读数与黑面读数之差以及红面尺高差与黑面尺高差均在误差容许值范围内,取平均值作最后结果,否则应重测。

② 变动仪高法

在每测站上测出两点高差后,改变仪器高度再测一次高差,两次高差之差不超过误差容许值(如图根水准测量误差容许值为±6mm),取其平均值作为最后结果;若超过误差容许值,则需重测。

2) 水准路线测量成果计算

水准测量的成果计算是:检查外业测量数据、计算测量精确度、计算各点高程。首先要算出高差闭合差(测量误差),它是衡量水准测量精度的重要指标。当高差闭合差在容许值范围内时,再对闭合差进行调整,求出改正后的高差,最后求出待测水准点的高程。下面通过实例介绍内业成果计算的方法与步骤。

【例 1-1】 图 1-16 是根据水准测量手簿整理得到的观测数据,各测段高差和测站数如图所示。BM_1、BM_2 为已知高程的水准点,A、B、C 点为待求高程的水准点。列表进行高差闭合差的调整和高程计算。

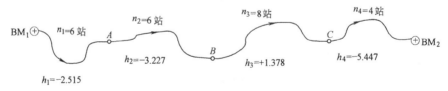

图 1-16 附合水准路线计算

【解】 计算步骤如下:

① 高差闭合差的计算

由式 (1-7): $f_h = \sum h_{测} - (BM_2 - BM_1) = -9.811 - (32.509 - 42.365) = +0.045 \text{m}$

按山地及图根水准精度计算闭合差容许值为:

$$f_{h容} = \pm 12\sqrt{n} = \pm 12\sqrt{24} = \pm 58 \text{mm}$$

$|f_h| < |f_{h容}|$,精度合格。

② 闭合差的调整

闭合差的调整是按距离或测站数成正比例反符号分配到各测段高差中。第 i 测段高差改正数按下式计算：

$$V_i = -\frac{f_h}{\sum n} \cdot n_i (i=1, 2, \cdots, n) \text{ 或 } V_i = -\frac{f_h}{\sum L} \cdot L_i (i=1, 2, \cdots, L) \quad (1-13)$$

式中　$\sum n$——路线总测站数；
　　　n_i——第 i 段测站数；
　　　$\sum L$——路线总长；
　　　L_i——第 i 段距离。

由式（1-13）算出第 1 测段（A-1）的改正数为：

$$V_1 = -\frac{0.045}{24} \times 6 = -0.011 \text{m}$$

其他各测段改正数按式（1-13）算出后列入表 1-2 中。改正数的总和与高差闭合差大小相等符号相反。每测段实测高差加相应的改正数便得到改正后的高差。

即　　　　　　　　　　$h_{i,改} = h_{i,测} + V_i$ 　　　　　　　　　(1-14)

③ 计算各点高程

用每段改正后的高差，由已知水准点 BM_1 开始，逐点算出各点高程，见表 1-2。由计算得到的 BM_2 点高程应与 BM_2 点的已知高程相等，以此作为计算检核。

附合水准路线高程计算　　　　　　　　　　　　　　　　　表 1-2

测点	测站数	实测高差 (m)	高差改正数 (m)	改正后的高差 (m)	高程(m)	备　注
BM_1					42.365	
A	6	−2.515	−0.011	−2.526	39.839	
B	6	−3.227	−0.011	−3.238	36.601	
C	8	+1.378	−0.015	+1.363	37.964	
BM_2	4	−5.447	−0.008	−5.455	32.509	
$\sum$	24	−9.811	−0.045	−9.856		
精度计算	\multicolumn{6}{l}{$f_h = \sum h_测 - \sum h_理 = +45\text{mm}$ $f_{h容} = \pm 12\sqrt{24} = \pm 58\text{mm}$　$\|f_h\| < \|f_{h容}\|$　精度合格}

闭合水准路线高差闭合差按式（1-8）计算，若闭合差在容许值范围内，按上述例题附合水准路线相同的方法调整闭合差，并计算高程。

(4) 水准路线测量的误差来源

为了保证应有的观测精度，测量人员应对水准测量误差产生的原因以及如何将误差控制在最小范围内的方法有所了解。尤其要避免读数错误、听错、记错、碰动脚架或尺垫等观测错误。

水准测量误差按其来源可分为：仪器误差、观测的误差以及外界环境的影响三个方面。

1）仪器误差

① 仪器残余误差

水准仪经过校正后，不可能绝对满足水准管轴平行视准轴的条件，因而使读数产生误差。此项误差与仪器至立尺点距离成正比。在测量中，使前、后视距离相等，在高差计算中就可消除该项误差的影响。

② 水准尺误差

该项误差包括水准尺长度变化、刻画误差和零点误差等。此项误差主要会影响水准测量的精度，因此，不同精度等级的水准测量对水准尺有不同的要求。精密水准测量应对水准尺进行检定，并对读数进行尺长误差改正。零点误差在成对使用水准尺时，可采取设置偶数测站的方法来消除；也可在前、后视中使用同一根水准尺来消除。

2）观测误差

此项误差主要由观测者瞄准误差、符合水准气泡居中误差以及估读误差等综合影响所致，这是一项不可避免的偶然误差。因此观测者应认真操作与读数，以尽量减少此项误差的影响。

其次，水准尺竖立不直的误差，水准尺必须竖直立在点上，否则随着水准尺的倾斜而使读数产生变化。这种变化产生的误差往往观测者是发现不到的。

因此，一般在水准尺上安装有圆水准器，扶尺者操作时应注意使上圆气泡居中，表明水准尺竖直。如果水准尺上没有安装圆水准器，可采用摇尺法，使水准尺缓缓地向前、后倾斜，当观测者读取到最小读数时，即为水准尺竖直时的读数。经验告知，水准尺竖直时，扶尺的力度最小，即将扶尺的手放松而尺不倒。

3）外界条件影响

① 仪器下沉

仪器安置在土质松软的地方，在观测过程中会产生下沉。若观测程序是先读后视再读前视，显然前视读数比应读数减小了。用双面尺法进行测站检核时，采用"后、前、前、后"的观测顺序，可减小其影响。此外，应选择坚实的地面作测站，并将脚架踏实。

② 尺垫下沉

仪器搬站时，尺垫下沉会使后视读数比应读数增大。所以转点也应选在坚实地面并将尺垫踏实。

③ 温度的影响

温度的变化会引起大气折光变化，造成水准尺影像在望远镜内十字丝面内上、下跳动，难以读数。烈日直晒仪器会影响水准管气泡居中，造成测量误差。因此水准测量时，应撑伞保护仪器，选择有利的观测时间。

1.3　水准测量注意事项

水准测量是一项集观测、记录及扶尺为一体的测量工作，只有全体参加人员认真负责，按规定要求仔细观测与操作，才能取得良好的成果。归纳起来应注意如下几点：

（1）观测

1）观测前应认真按要求检校水准仪，检定水准尺；

2）仪器应安置在土质坚实处，并踩实三脚架；

3）水准仪至前、后视水准尺的视距应尽可能相等；

4）每次读数前，注意消除视差，只有当符合水准气泡居中后，才能读数，读数应迅速、果断、准确，特别应认真估读毫米数；

5）晴好天气，仪器应打伞防晒，操作时应细心认真，做到"人不离仪器"，使之安全；

6）只有当一测站记录计算合格后方能搬站，搬站时先检查仪器连接螺旋是否固紧，一手扶托仪器，一手握住脚架稳步前进。

（2）记录

1）认真记录，边记边复报数字，准确无误地记入记录手簿相应栏内，严禁伪造和转抄；

2）字体要端正、清楚，不准在原数字上涂改，不准用橡皮擦改，如按规定可以改正时，应在原数字上划线后再在上方重写正确的数字；

3）每站应当场计算出该站的高差值，检查符合要求后，才能通知观测者搬站。

（3）扶尺

1）扶尺员应认真竖立水准尺，注意保持尺身的垂直和相对的稳定；

2）转点应选择在土质坚实处，并将尺垫踩实；

3）水准仪搬站时，要注意保护好原前视点尺垫位置不受碰动。

1.4 微倾式水准仪的检验与校正

（1）一般性检验

安置仪器后，首先检验：三脚架是否牢固，制动和微动螺旋、微倾螺旋、对光螺旋、脚螺旋等是否有效，望远镜成像是否清晰。

（2）圆水准器轴应平行于仪器竖轴的检验与校正

检验：转动脚螺旋，使圆水准器气泡居中（图1-17），将仪器绕竖轴旋转180°以后，如果气泡仍居中，说明此条件满足；如果气泡偏出分划圈之外，则需校正。重复一次加以确认。

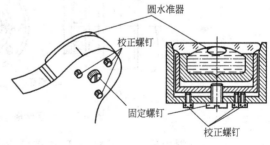

图1-17 圆水准器

校正：如图1-18所示，先稍旋松圆水准器底部中央的固定螺钉，然后用拨针拨动圆水准器校正螺钉，使气泡向居中方向退回偏离量之一半，再转动脚螺旋使气泡居中，如此反复检校，直到圆水准器转到任何位置时，气泡都在分划圈内为止。最后旋紧固定螺钉。

（3）十字丝横丝应垂直于仪器竖轴的检验与校正

检验：用十字丝交点瞄准一明显的点状目标P，转动微动螺旋，若目标点始终不离开横丝，说明此条件满足，如图1-19（a）、（b）所示，否则需校正，如图1-19（c）、（d）。

校正：旋下十字丝分划板护罩（有的仪器无护罩），用螺丝刀旋松分划板座三个固定

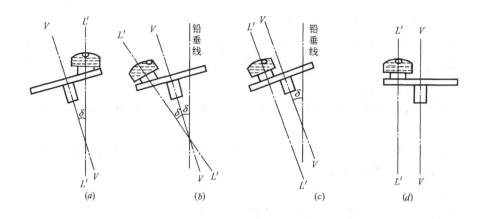

图 1-18 圆水准器轴线校正

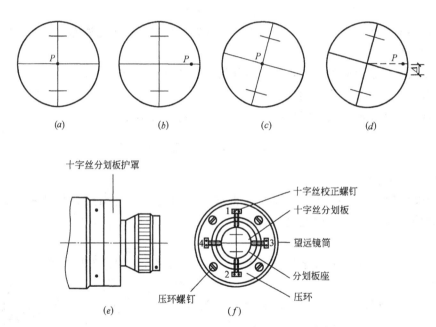

图 1-19 十字丝横丝垂直于竖轴的校正

螺钉,转动分划板座,使目标点 P 与横丝重合。反复检验与校正,直到条件满足为止。最后将固定螺钉旋紧,并旋上护罩。

(4) 视准轴平行于水准管轴的检验与校正

检验:如图 1-20 所示,在 C 处安置水准仪,用皮尺从仪器向两侧各量距约 40m,定出等距离的 A、B 两点,打桩或放置尺垫。用变动仪器高(或双面尺)法测出 A、B 两点的高差。当两次测得高差之差不大于 3mm 时,取其平均值作为最后的正确高差,用 h_{AB} 表示。

再安置仪器于点 B 附近的 D 处,瞄准 B 点水准尺,读数为 b_2,然后根据 A、B 两点的正确高差算得 A 点尺上应有的读数 $a_2=h_{AB}+b_2$,与在 A 点尺上的实际读数 a_2' 比较,得误差为:$\Delta h=a_2'-a_2$,由此计算角值为:

$$i''=\frac{\Delta h}{D_{AB}}\cdot\rho''$$

式中，$\rho''=206265''$，D_{AB} 为 A、B 两点间的距离。

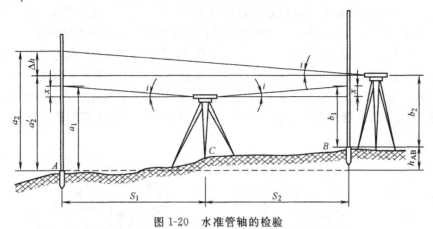

图 1-20　水准管轴的检验

校正：转动微动螺旋，使十字丝的中横丝对准 A 点尺上应有的读数 a_2，这时水准管气泡不居中，用拨针拨动水准管一端上、下两个校正螺钉，使气泡居中，松紧上、下两个校正螺钉前，先稍微旋松左、右两个校正螺钉，校正完毕，再旋紧，如图 1-21 所示。反复检校，直到 $i\leqslant 20''$ 为止。

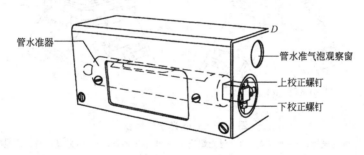

图 1-21　水准管校正

检验时应注意：
1) 检校仪器时必须按上述的规定顺序进行，不能颠倒；
2) 校正用的工具要配套，拨针的粗细与校正螺钉的孔径要相适应；
3) 拨动校正螺钉时，应先松后紧，松紧适当；
4) 调校完毕后的所有校正螺钉都应是紧固的，才能确保调校的效果。

课题 2　经纬仪的使用及角度测量

2.1　经纬仪的使用

角度测量是测量的三项基本工作之一。它包括水平角测量和竖直角测量。水平角用以测定地面点的平面位置，竖直角用以间接测定地面点的高程。经纬仪是测量角度常用的仪器，它既能测量水平角又能测量竖直角。

2.1.1　经纬仪的构造

(1) 经纬仪的分类

工程上常用的经纬仪依据读数方式的不同分为两种类型：通过光学度盘的放大来进行读数的，称为光学经纬仪；采用电子学的方法进行读数的，称为电子经纬仪。

光学经纬仪按其精度来分有 DJ1、DJ2、DJ6 等型号，D 和 J 分别为"大地测量"和"经纬仪"两词的汉语拼音第一个字母，1、2、6 代表该仪器一测回方向观测中误差的秒数。本书重点介绍工程中常用的 DJ6 型光学经纬仪的构造及使用方法，如图 1-22 所示。(DJ6 型光学经纬仪在国内有多个生产厂家，各有部分差异，但主要的构造原理和作用是相同的)。

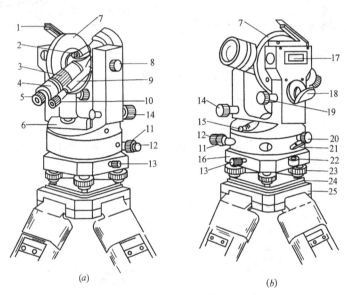

图 1-22　DJ6 光学经纬仪

1—竖盘指标水准管反光镜；2—粗瞄器；3—对光螺旋；4—十字丝环罩；5—望远镜目镜；6—照准部水准管；
7—竖直度盘；8—望远镜制动螺旋；9—读数显微镜；10—读数目镜；11—照准部微动螺旋；
12—照准部制动螺旋；13—轴座固定螺旋；14—望远镜微动螺旋；15—光学对中器；
16—基座；17—竖盘指标水准管；18—反光镜；19—竖盘指标水准管微动螺旋；
20—度盘变换手轮；21—保险手柄；22—圆水准器；23—脚螺旋；
24—三角底板；25—三脚架

(2) 光学经纬仪的结构

光学经纬仪由基座、光学度盘和照准部组成，如图 1-23 所示为 DJ6 型光学经纬仪的一种。

1) 基座

基座是支承仪器的底座，与水平度盘相连的外轴套插入基座的套轴内，并由锁紧螺旋固定，在基座下面用中心螺旋和三脚架相连。基座上还装有三个脚螺旋，调节脚螺旋使水准器气泡居中而竖轴置于竖直位置。

2) 度盘

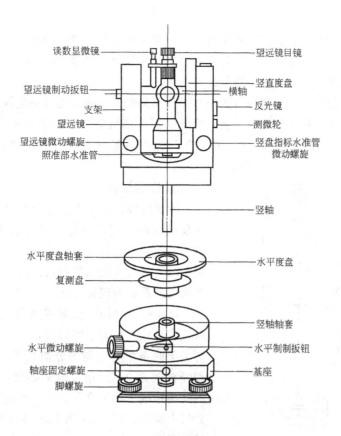

图 1-23 DJ6 光学经纬仪构造

经纬仪光学度盘分为测量水平角的水平度盘和测量竖直角的竖直度盘。它们分别装在仪器纵、横旋转轴上。光学经纬仪度盘是由光学玻璃制成的圆环，在其圆周上刻有精密的分划，由 0°～360° 顺时针注记。度盘上相邻分划线间弧长所对圆心角，称度盘分划值，通常为 20′、40′ 和 1° 等几种。

3）照准部

照准部是指经纬仪基座上部能绕竖轴旋转的部分，它的主要部件有望远镜、水准器、转动控制装置和读数设备等，其作用是照准远处目标并作垂直投影的一个整体装置。

① 望远镜

用以照准目标，它由物镜组，调焦镜、十字丝分划板和目镜组构成。

望远镜的十字丝中心和物镜光心的连线称作视准轴，是瞄准目标的基准线。

② 水准器

水准器是用以判断仪器是否水平的特殊装置，包括圆水准器和管水准器（水准管）两种。其使用方法和要求与水准仪相同。

③ 转动控制装置

为了控制仪器各部分间的相对运动，精确地瞄准目标，仪器上一般设有三套控制装置，即照准部的制动螺旋和微动螺旋；望远镜的制动螺旋和微动螺旋；水平度盘转动的控制装置。

水平度盘转动控制装置有两种结构,一种是采用水平度盘变换手轮。使用时,先照准目标后固定,将手轮推压进去,转动手轮,则水平度盘随之拨动,待转到需要的位置后,将手轮开关轻下压,手轮退出,重新读数为准。

另一种是复测装置。复测装置固定在照准部外壳上,随照准部一起转动。当复测扳手拨下时,由于复测机构夹紧水平度盘,因此,照准部转动时,就带动水平度盘一起转动,转到所需位置,照准目标后固定,拨上复测扳手,复测机构与水平度盘分离,再重新读数。

④ 读数设备

光学经纬仪的水平度盘和竖直度盘刻度,通过一系列棱镜和透镜成像在望远镜旁的读数显微镜内,可通过显微镜放大读数。度盘上小于读度盘分划值的读数是利用测微器读出的,现介绍常见的分微尺读数系统的读数方法。

DJ6型光学经纬仪常采用分微尺测微器装置,装置有分微尺的光学经纬仪,在读数显微镜内能看到上下两条带有分划的分微尺以及水平度盘(H)和竖直度盘(V)指标线的影像,以分微尺0～6内的指标线上读取度数;分、秒在指标线位置的分微尺上读取。图1-24为DJ6经纬仪分微尺读数系统光路图。

水平度盘读数:外来光线经棱镜3折射90°,通过水平度盘,经棱镜8、10的几次折射,到达刻有分微尺的指标镜9,在读数显微镜内看到的水平度盘影像如图1-24所示,水平度盘每隔1°有

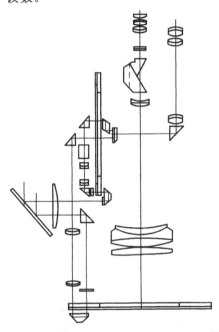

图1-24　DJ6光学经纬仪光路图

一分划线,小于1°的读数在分微尺上读数,分微尺长度相当于度盘1°的间隔。它又分为60小格,直读每一小格为1′,不到一格的读数进行估读至0.1′。如图1-25(上分划尺)中水平度盘读数为115°03′36″,其中直接读数为115°03′,秒估读为0.6格,即6″×0.6=36″。

竖直度盘读数:入射光线经过棱镜13折射,穿过竖直度盘。通过透镜组16及棱镜17到达指标镜18及透镜9,在读数显微镜上看到竖直度盘影像,读数方法与水平度盘读数相同,竖直度盘读数如图1-25所示的(下分划尺)为72°51′36″。

2.1.2　经纬仪的使用

经纬仪的使用包括仪器的安置、调焦、

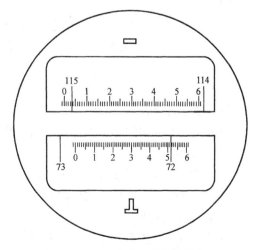

图1-25　DJ6光学经纬仪读数窗

照准和读数等基本操作。

（1）经纬仪的安置

经纬仪的安置就是把仪器安置于测站点上，使仪器的竖轴与测站点在同一铅垂线上，并使水平度盘成水平位置，包括仪器安装、对中和整平等工作。

1）仪器安装

首先，伸开三脚架于测站上方，将仪器置于三脚架头中央位置，一只手握住仪器，另一只手将三脚架中心螺旋旋入仪器基座中心螺孔中并固紧。

2）仪器对中

经纬仪对中的目的是使仪器中心与测站点中心位于同一铅垂线上。具体做法是：

观察光学对点器，分别旋转光学对点器目镜对光螺旋和调焦手轮，使对中圈和测站点标志周边物体同时清晰。如果在视场内看不到测站点标志，则平移三脚架使测站点标志处于仪器对中圈附近，并踩踏三脚架使其稳固，调节脚螺旋，使地面测站点处于对中圈内居中位置。对中误差一般不大于 3mm。

3）仪器整平

整平的目的是使仪器竖轴竖直和水平度盘水平。具体做法分两步进行：

① 粗略调平——观察圆水准器气泡，用左脚踏三脚架的左边脚架，伸缩脚架使圆水准器气泡移动到右边脚架平行线上，再换右脚踏三脚架右边脚架，伸缩脚架使气泡居中，重复进行使气泡居中为止。

② 精密调平——放松照准部水平制动螺旋使水准管与一对脚螺旋的连线平行，两手同时向内或向外旋转，使水准管气泡居中。气泡移动方向和左手大拇指运动方向一致，如图 1-26 所示，再将照准部旋转 90°，调节第三个脚螺旋，使气泡居中。

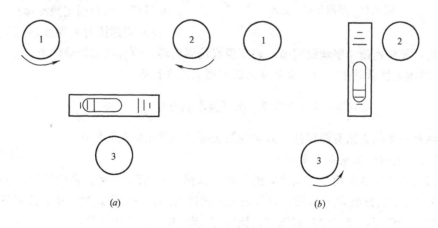

图 1-26　精密调平

重复上述步骤，使气泡在垂直两个方向均居中为止。气泡居中误差不得大于一格。

4）检查对中和整平

重复检查光学对中器是否还对中，如果测站点偏离了对中圆圈中心，则松开中心螺旋，将仪器基座平移，使圆圈中心与测站点重合，旋紧中心螺旋，再检查水准管气泡。

对中和整平是同时交替进行的，两项工作相互影响，操作过程需要反复进行，直到对中和整平都达到要求为止。

(2) 望远镜位置设置

经纬仪望远镜可纵转360°，根据望远镜与竖直度盘的位置关系，望远镜位置可设置为正镜和倒镜两个位置上。

正镜——观测者正对望远镜目镜时，竖盘位于望远镜左边，也称盘左位置。

倒镜——观测者正对望远镜目镜时，竖盘位于望远镜右边，也称盘右位置。即望远镜在正镜位置纵转180°，再将照准部转180°的位置。

在水平角观测中，为了消除仪器误差影响，通常用正镜和倒镜两个位置观测。实际上正镜是处于度盘0°～180°位置上，倒镜是处于度盘的180°～360°位置上，用不同度盘位置观察同一结果，达到复核的作用。

(3) 设置照准目标及瞄准

观测时，一般应在目标点上设置照准标志。

距离较远时，竖立垂球架；距离较近时，竖立测针；同时测距时，设置觇板。在施工现场通常是在木桩上钉上铁钉作为目标。

测水平角用十字丝竖丝照准目标，如图1-27所示。

瞄准目标步骤：

1) 松开照准部制动螺旋和望远镜制动螺旋（或扳手）；

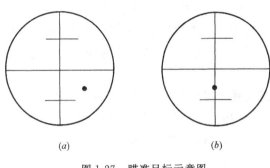

图1-27 瞄准目标示意图

2) 转动照准部，用望远镜粗瞄器瞄准目标，然后固定照准部；

3) 望远镜对光调焦。即调节目镜对光螺旋，使望远镜十字丝最清晰，调节望远镜调焦环，使目标图像最清晰；

4) 用望远镜微动螺旋和照准部微动螺旋精确瞄准目标。

2.2 水平角观测方法

观测水平角的方法有测回法、方向观测法等，最常用的是测回法。

2.2.1 测回法测量水平角

测回法适用于观测两个方向之间的单角。如图1-28所示，将仪器安置于O点，地面两目标为A、B，欲测定$\angle AOB$，则可采用测回法观测，一测回观测具体方法如下：

(1) 上半测回：盘左位置观测（正镜），其观测值为上半测回值。

1) 在O点安置仪器，整平，对中；

2) 正镜瞄准左目标A，读取水平度盘读数$a_{左}$为$0°02'30''$，随即记入水平角观测手簿（表1-3）中；

3) 顺时针方向旋转照准部，瞄准右目标B，读取水平度盘读数$b_{左}$为$95°20'48''$，记入（表1-3）中。以上便完成盘左半测回或称上半测回观测，盘左位置观测所得水平角为：

$$\beta_左 = b_左 - a_左 = 95°20'48'' - 0°02'30'' = 95°18'18''$$

(2) 下半测回：盘右位置观测（倒镜），观测值为下半测回值。

1) 纵转望远镜 $180°$，旋转照准部 $180°$ 成盘右位置；

2) 瞄准右目标 B，读取水平度盘读数 $b_右$ 为 $275°21'12''$，记入表 1-3 中；

3) 逆时针方向旋转照准部，瞄准左目标 A，读取水平度盘读数 $a_右$ 为 $180°02'42''$，记入表 1-3 中，完成盘右半测回或称下半测回观测。

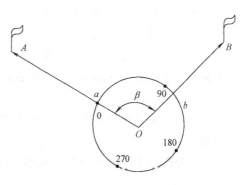

图 1-28 水平角观测原理

盘右位置观测所得水平角为：

$$\beta_右 = b_右 - a_右 = 275°21'12'' - 180°02'42'' = 95°18'30''$$

计算过程中，若右方向读数减左方向读数不够减时，则应先加 $360°$ 再减。

当盘左、盘右两个半测回角值的差数不超过限差（如 $±36''$）时，则取平均值作为一测回的水平角值，即

$$\beta = (\beta_左 + \beta_右)/2 = 95°18'24''$$

水 平 角 观 测　　　　　表 1-3

测站	测回	盘位	目标	水平度盘读数 (° ′ ″)	半测回角值 (° ′ ″)	一测回角值 (° ′ ″)	各测回平均角值 (° ′ ″)	备 注
O	第一测回	盘左	A	0　02　30	95　18　18	95　18　24	95　18　20	
			B	95　20　48				
		盘右	A	180　02　42	95　18　30			
			B	275　21　12				
O	第二测回	盘左	A	90　03　06	95　18　30	95　18　15		
			B	185　21　36				
		盘右	A	270　02　54	95　18　00			
			B	5　20　54				

有时为了提高测角精度，常需要观测几个测回，各测回应根据测回数 n，按 $180°/n$ 改变起始方向水平度盘位置，如表 1-3 中第二测回盘左 A 方向的读数可拨为 $90°03'06''$。各测回值互差若不超过 $36''$（J6 级），取各测回平均值作为最后结果，计入表格。

2.2.2 水平角测量注意事项

经纬仪是精密贵重的测量仪器，在使用过程中，应按有关要求正确使用，在水平角测量过程中应注意以下事项：

(1) 仪器安置的高度要合适，三脚架要踏实，仪器与脚架连接要牢固；在观测过程中不能手扶或碰动三脚架。

(2) 对中、整平要准确，测角精度要求越高或边长越短的，对中要求越严格；观测的

目标之间高低相差较大时,应特别注意仪器整平。

(3) 一般要求对中误差不大于3mm。整平气泡居中误差不得大于一格。

(4) 在水平角观测过程中,如同一测回内发现照准部水准管气泡偏离居中位置,不允许重新调整水准管使气泡居中,应迅速测完;若气泡偏离超过一格时,则需要重新整平仪器,重新观测。

(5) 在水平角观测过程中,立点要准确,用十字丝交点瞄准垂球架的垂线上方或测钎的底部。

(6) 分微尺DJ6型光学经纬仪读数时,应估读到$0.1'$,即$6''$;读出来的秒数是6的倍数。

(7) 同一测回观测时,切勿碰动复测扳手或度盘变换手轮,更不能旋松竖轴固定螺旋,以免发生错误。

2.2.3 竖直角观测

竖直角是指观测方向线与水平线之间的夹角。经纬仪除了测量水平角外还可以测量竖直角。如测站点为O,目标点为A,OA的方向线与水平线夹角即为竖直角α_{OA},由于竖直角在民用建筑中较少使用,在此只作简略介绍。

(1) 竖直角观测步骤

安置经纬仪于测站点O,对中,整平,盘左位置照准目标点A,打开竖直度盘指标自动补偿器的开关,使竖盘指标处于正确位置,读竖直度盘读数,记为L;同理,盘右位置照准目标A,读竖盘读数,记为R。

(2) 竖直角的计算

由于竖直度盘的度数分顺时针和逆时针刻画,当盘位置仰起望远镜时,竖直度盘读数减少,并小于90°,为顺时针方向;若竖直度盘读数增大,并大于90°,为逆时针方向。因此,竖直角计算可分成两种情况:

① 当盘左仰起望远镜时,读数L小于90°时,其竖直角计算公式为

盘左角值(上半测回值) $\alpha_左 = 90° - L$

盘右角值(下半测回值) $\alpha_右 = R - 270°$

竖直角值(一测回值) $\alpha = \dfrac{\alpha_左 + \alpha_右}{2}$

② 当盘左仰起望远镜时,读数$L > 90°$,其竖直角计算公式为

盘左角值(上半测回值) $\alpha_左 = L - 90°$

盘右角值(下半测回值) $\alpha_右 = 270° - R$

竖直角值(一测回值) $\alpha = \dfrac{\alpha_左 + \alpha_右}{2}$

若盘左、盘右值之差不大于$\pm 60''$时,则取两半测回值之平均值为正确的竖直角值,反之重测。

竖直角分仰角和俯角。确认上述竖度盘刻画方向后,计算出的结果是"+"值为仰角,"−"值为俯角,即水平视线以上为仰角,水平视线以下为俯角。

(3) 竖直度盘指标差的检测

竖盘指标差 $\quad x=(\alpha_{左}-\alpha_{右})/2=\dfrac{L+R-360°}{2}$

当 $x>\pm 60''$ 时，竖直度盘指标差应作调校，调至 $x<\pm 60''$ 为止。

2.3 经纬仪的检验与校正

(1) 一般性检验

安置仪器后，首先检验：三脚架是否牢固，架腿伸缩是否灵活，各种制动螺旋和微动螺旋、对光螺旋以及脚螺旋是否有效，望远镜及读数显微镜成像是否清晰。

(2) 照准部水准管轴应垂直于仪器竖轴的检验与校正

检验：将仪器整平后，重新转动照准部使水准管平行于任意一对脚螺旋的连线，使气泡严格居中；将照准部旋转 180°，若气泡仍居中，说明条件满足，若气泡中点偏离水准管零点超过半格，则需校正。

校正：用拨针拨动水准管一端的校正螺丝，应先松后紧，使气泡退回偏离量的一半，再转动脚螺旋使气泡居中。如此反复检校，直到水准管在任何位置时气泡都无明显偏离为止。

(3) 十字丝竖丝应垂直于仪器横轴的检验与校正

检验：如图 1-29 所示，用十字丝交点瞄准一清晰的点状目标 P，上、下移动望远镜，若目标点始终不离开竖丝，则该条件满足，否则需校正。

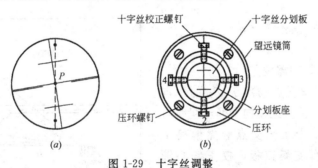

图 1-29 十字丝调整

校正：旋下目镜端分划板护盖，松开 4 个压环螺钉，转动十字丝分划板座，使竖丝与目标点重合。反复检校，直到该条件满足为止。校正完毕，应旋紧压环螺钉，并旋上护盖。

(4) 视准轴应垂直于横轴的检验与校正

检验：方法一：如图 1-30 所示，在地面设 AOB 三点成一直线，AO 距离取 30～50m，OB 距离与 AO 相等，在 O 点安置经纬仪，A 点设置目标，B 点横置一根有毫米刻划的小钢直尺，尺身与 AB 方向垂直并与仪器大致同高。盘左瞄准 A 目标，固定照准部，纵转望远镜在 B 点直尺上读数为 B_1；盘右再瞄准 A 目标，并纵转望远镜在 B 点直尺上读数为 B_2。若 $B_1=B_2$，该条件满足。否则，按下式计算出视准轴误差 C

$$C=\dfrac{B_1B_2}{4\cdot OB}\cdot \rho''$$

当 $C>\pm 60''$ 时，则需校正。

校正：先在 B 点尺上的 B_1B_2 点之间取 $\dfrac{B_1B_2}{4}$ 靠近 B_2 定出 B_3 点。

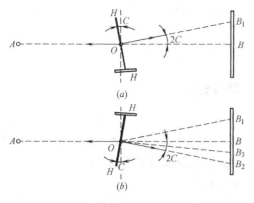

图 1-30 视准轴检验

旋下分划板护盖，用拨针拨动十字丝左、右两个校正螺丝，一松一紧，使十字丝交点与 B_3 点重合。反复检校，直到 C 角不大于 $\pm 60''$ 为止。然后，旋上护盖。

方法二：在比较平坦的地方安置仪器，在距仪器 30m 左右的地方找一个与经纬仪视线大致水平的点 A。盘左照准 A 点，读水平度盘读数，记为 $a_{左}$，盘右照准 A 点，读水平度盘读数，记为 $a_{右}$，则经纬仪的 $2C$ 差为：$2C = a_{左} - a_{右} \pm 180°$。（$a_{左} - a_{右}$ 差值为正数时取"$-180°$"，$a_{左} - a_{右}$ 差值为负数时取"$+180°$"）。如果 $C > \pm 60''$ 时，则需按上述方法校正。

(5) 横轴应垂直于仪器竖轴的检验与校正

检验：如图 1-31 所示，在距建筑物约 30m 处安置仪器（用皮尺量出该距离 D），盘左瞄准墙上一高目标点 P（竖直角大约 30°），观测并计算出竖直角 α，再将望远镜视线大致放平，将十字丝交点投在墙上定出 P_1 点；纵转望远镜成盘右位置，同法在墙上再定出 P_2 点，若 P_1、P_2 重合，则该条件满足。否则，按下式计算出横轴误差：

$$i = \frac{P_1 P_2 \cdot \cot\alpha}{2D} \cdot \rho''$$

当 $i > \pm 60''$ 时，则需校正。

校正：使十字丝交点瞄准 $P_1 P_2$ 的中点 P_M，固定照准部，使望远镜向上仰至视线与 P 点同高，这时，十字丝交点必然偏离 P 点。取下望远镜右支架盖板，校正偏心轴环，升、降横轴一端，使十字丝交点精确对准 P 点。反复检校，直到 i 角小于 $\pm 60''$ 为止。最后，装上盖板。

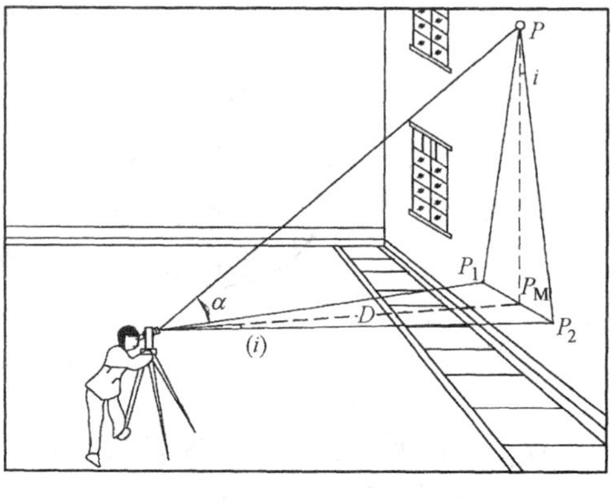

图 1-31 横轴检验

(6) 竖盘指标差的检验与校正

检验：整平仪器，用盘左、盘右观测同一目标点 P，转动竖盘指标水准管微动螺旋使气泡居中后，读记竖盘读数 L 和 R，按下式计算竖盘指标差：

$$x = \frac{1}{2}(L + R - 360°)$$

当 $x > \pm 60''$ 时，则需校正。

校正：仪器位置不变，仍以盘右瞄准原目标点 P，转动竖盘指标水准管微动螺旋使竖盘读数为 $(R-x)$，这时，气泡必然偏离。用拨针松、紧水准管一端的校正螺旋，使气泡居中。反复检校，直到 x 不超过 $\pm 60''$ 为止。

检验步骤按上述顺序进行检验、校正，不能颠倒。

课题3 全站仪及其使用

电子全站仪（Electronic Total Station）又名电子速测仪，它几乎可以完成各种常规大地测量仪器的工作，是大地测量仪器的高度综合的杰出代表。一般认为，所谓电子全站仪是集测角、测距于一体，由微处理计算机控制实现自动测距、测角，自动归算水平距离、高差、坐标。配有若干特殊功能，观测结果能自动显示、记录、存贮、变换、预处理及输出，是智能化的测绘仪器，由于它能在一个测站上完成全部测量工作，故称为全站仪。

我国从20世纪80年代初期开始引进外国全站仪，并从90年代中期开始致力于整体式全站仪的研制，其中较具代表性的是广州南方测绘仪器公司生产的NTS-600系列全站仪。南方公司最新推出的NTS-660全站仪设计合理，外形美观，操作简便。该全站仪具有菜单图形显示、绝对数码度盘、强大的内存管理、仪器倾斜图形显示、预装标准测量程序和简体中文显示等特点，如图1-32所示，且其功能强大，价格低廉，仅为进口仪器的1/3左右。目前，已广泛应用于各类工程的测量工作中。

NTS-660全站仪数据传输为标准的RS-232C标准接口，可通过电缆与E500相连，实现测绘数据自动采集、自动传递、自动处理。可输入仪器测距检定加、乘常数并在测距结果中自动改正，还可输入温度、气压测定值并在测距结果中自动加入改正。可实现一般测距和跟踪测距，按下MODE键，可方便自如地进行测角与测距功能的互相转换。

全站仪的独立观测值是斜距、水平方向值、天顶距（或倾角），某些特殊功能的实现

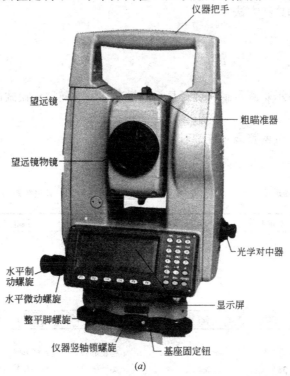

(a)

图1-32 全站仪基本部件名称和功能（一）

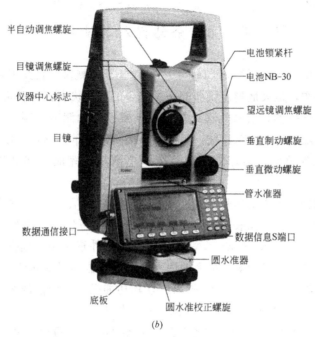

(b)

图 1-32 全站仪基本部件名称和功能（二）

实质上将平距、高差、坐标化算为全站仪独立观测值的函数，通过全站仪 CPU 处理而显示或记录。

本课题将以 NTS-660 全站仪为例介绍全站仪基本部件名称和功能以及简单介绍全站仪的标准测量模式和放样方法。

3.1 全站仪的基本测量

3.1.1 显示屏

一般上面几行显示观测数据，底行显示软键功能，它随测量模式的不同而变化。

· 对比度

利用星键（★）可调整显示屏的对比度和亮度。

· 示例

角度测量模式

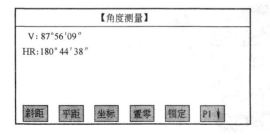

垂直角 （V）： 87°56′09″
水平角 （HR）：180°44′38″

距离测量模式

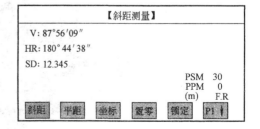

垂直角 （V）： 87°56′09″
水平角 （HR）：180°44′38″
斜距 （SD）： 12.345m

3.1.2 显示符号

符 号	含 义	符 号	含 义
V	垂直角	*	电子测距正在进行
V%	百分度	m	以米为单位
HR	水平角(右角)	ft	以英尺为单位
HL	水平角(左角)	F	精测模式
HD	平距	T	跟踪模式(10mm)
VD	高差	R	重复测量
SD	斜距	S	单次测量
N	北向坐标	N	N次测量
E	东向坐标	ppm	大气改正值
Z	天顶方向坐标	psm	棱镜常数值

3.1.3 操作键

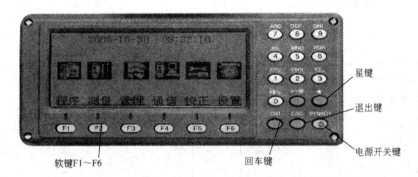

按 键	名 称	功 能
F1~F6	软键	功能参见所显示的信息
0~9	数字键	输入数字,用于欲置数值
A~/	字母键	输入字母
ESC	退出键	退回到前一个显示屏或前一个模式
★	星键	用于仪器若干常用功能的操作
ENT	回车键	数据输入结束并认可时按此键
POWER	电源键	控制电源的开/关

3.1.4 功能键(软键)

软键功能标记在显示屏的底行,该功能随测量模式的不同而改变。

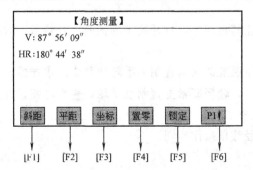

29

角度测量

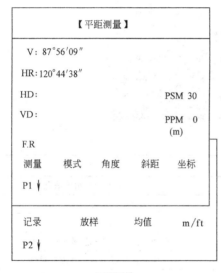

平距测量　　　　　　　　　　　　　坐标测量

3.2 全站仪的基本操作

3.2.1 测量前的准备工作

（1）仪器开箱

轻轻地放下箱子，让其盖朝上，打开箱子的锁栓，开箱盖，取出仪器。

（2）仪器存放

盖好望远镜镜盖，使照准部的垂直制动手轮和基座的水准器朝上，将仪器平卧（望远镜物镜端朝下）放入箱中，轻轻旋紧垂直制动手轮，盖好箱盖，并关上锁栓。

3.2.2 全站仪的使用

（1）安置仪器（与经纬仪操作相同）

（2）打开电源开关

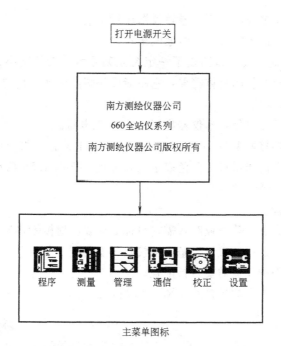

主菜单图标

·确认显示窗中显示有足够的电池电量，当电池电量不多时，应及时更换电池或对电池进行充电。参见下图"电池电量图标"。

1）电池电量图标

电池电量图标用于指示电池电量级别。

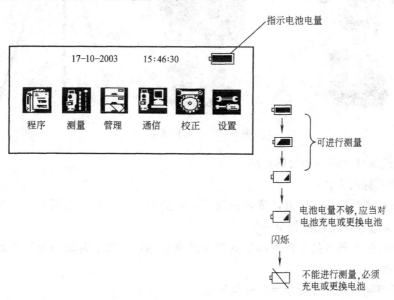

2）注意

① 电池工作时间的长短取决于环境条件，如：仪器周围温度、充电时间的长短和充、放电的次数。为安全起见，建议用户提前充电或准备一些充好电的备用电池。

② 电池电量图标表示当前测量模式下的电量级别。角度测量模式下显示的电池电量状况未必够用于距离测量。由于测距的耗电量大于测角，当从角度测量模式转换为距离测

量模式时，可能会由于电池电量不足导致仪器运行中断。

建议外业测量出发前先检查一下电池电量状况。

③ 观测模式改变时电池电量图表不一定会立刻显示电量的减小或增加。电池电量指示系统是用来显示电池电量的总体情况，它不能反映瞬间电池电量的变化。

3) 电池充电注意事项

电池充电应用专用充电器，本仪器配用 NC-30 充电器。

充电时先将充电器接好电源 220V，从仪器上取下电池盒，将充电器插头插入电池盒的充电插座，充电器上的指示灯为橙色表示正在充电，充电 1.5h 后或指示灯为绿色表示充电结束，拔出插头。

(3) 放置反射棱镜

全站仪在进行距离测量等作业时，需在目标处放置反射棱镜。反射棱镜有单（三）棱镜组，可通过基座连接器将棱镜组与基座连接，再安置到三角架上，也可直接安置在对中杆上。棱镜组由用户根据作业需要自行配置。

南方测绘仪器公司生产的棱镜组如图 1-33 所示：

图 1-33 反射棱镜组

(4) 望远镜目镜调整和目标照准

1) 瞄准目标的方法：

① 将望远镜对准明亮地方，旋转目镜筒，调焦看清十字丝（先朝自己方向旋转目镜筒，再慢慢旋进调焦至看清楚十字丝）。

② 利用粗瞄准器内的三角形标志的顶尖瞄准目标点，照准时眼睛与瞄准器之间应保留有一定距离。

③ 利用望远镜调焦螺旋使目标成像清晰。

2) 当眼睛在目镜端上下或左右移动发现有视差时，说明调焦或目镜屈光度未调好（这将影响观测的精度），应仔细调焦并调节目镜筒消除视差。

3.3 全站仪标准测量模式

测量模式选择屏幕菜单显示如图 1-34 所示。

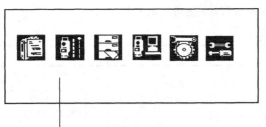

└─ 测量模式
　　角度测量、距离测量、坐标测量

图 1-34　测量模式选择屏幕菜单

3.3.1　角度测量

(1) 水平角（右角）和竖直角测量

确认在角度测量模式下。

操作步骤	按　键	显　示
①照准第一个目标(A)	照准A	【角度测量】 V: 87°56′09″ HR: 130°44′38″ 斜距　平距　坐标　置零　锁定　P1↓
②设置目标A的水平角读数为0°00′00″。 按[F4]（置零）键和[F6]（设置）键	[F4] [F6]	【水平度盘置零】 HR: 0°00′00″ 退出　　　　　　　　　　设置 【角度测量】 V: 87°56′09″ HR: 0°00′00″ 斜距　平距　坐标　置零　锁定　P1↓
③照准第二个目标(B)。 仪器显示目标B的水平角和垂直角	照准B	【角度测量】 V: 57°16′09″ HR: 120°44′38″ 斜距　平距　坐标　置零　锁定　P1↓

33

（2）水平角测量模式（右角/左角）的转换

确认在角度测量模式下。

操作步骤	按键	显示
①按[F6]（P1↓）键,进入第2页显示功能	[F6]	【角度测量】 V：87°56′09″ HR：120°44′38″ 斜距　平距　坐标　置零　锁定　P1↓ 记录　置盘　R/L　坡度　补偿　P2↓
②按[F3]键,水平角测量右角模式转换成左角模式	[F3]	【角度测量】 V：87°56′09″ HL：239°15′22″ 记录　置盘　R/L　坡度　补偿　P2↓
③类似右角观测方法进行左角观测		

- 每按一次[F3]（R/L）键,右角/左角便依次切换。
- 右角/左角转换开关可以关闭,参见第8章"参数设置模式"

（3）水平度盘读数的设置

1）利用锁定水平角法设置

确认在角度测量模式下。

操作步骤	按键	显示
①利用水平微动螺旋设置水平度盘读数	显示角度	【角度测量】 V：87°56′09″ HR：120°44′38″ 斜距　平距　坐标　置零　锁定　P1↓
②按[F5]（锁定）键,启动水平度盘锁定功能	[F5]	【锁定】 HR：120°44′38″ 退出　　　　　　　　　解除
③照准用于定向的目标点①	照准	
④按[F6]（解除）键,取消水平度盘锁定功能。 显示返回到正常的角度测量模式	[F6]	【角度测量】 V：107°56′29″ HR：120°44′38″ 斜距　平距　坐标　置零　锁定　P1↓
①要返回到先前模式,可按[F1]（退出）键		

2）用数字键设置
确认在角度测量模式下。

操作步骤	按键	显示
①照准用于定向的目标点	照准	【角度测量】 V：87°56′09″ HR：0°44′38″ 斜距 平距 坐标 置零 锁定 P1↓ 记录 置盘 R/L 坡度 补偿 P2↓
②按[F6]（P1↓）键，进入第2页功能，再按[F2]（置盘）键 ③输入所需的水平度盘读数① 例如：120°20′30″	[F6] [F2] 输入角度值	【配置度盘】 HR： 120.2030 退出 左移
④按[ENT]键② 至此，即可进行定向后的正常角度测量	[ENT]	【角度测量】 V：87°56′09″ HR：120°20′30″ 斜距 平距 坐标 置零 锁定 P1↓

①若输入有误，可按[F6]（左移）键移动光标，或按[F1]（退出）键重新输入正确值。
②若输入错误数值（例如70′），则设置失败，须从第③步起重新输入

（4）垂直角百分度模式
确认在角度测量模式下。

操作步骤	按键	显示
①按[F6]（P1↓）键，进入第2页功能菜单	[F6]	【角度测量】 V：84°24′28″ HR：120°44′38″ 斜距 平距 坐标 置零 锁定 P1↓ 记录 置盘 R/L 坡度 补偿 P2↓
②按[F4]（坡度）键①	[F4]	【角度测量】 V%：9.79% HR：120°44′38″ 记录 置盘 R/L 坡度 补偿 P2↓

①每按一次[F4]（坡度）键，垂直角显示模式便依次转换

3.3.2 距离测量

(1) 大气改正的设置

设置大气改正时,须量取温度和气压,由此即可求得大气改正值。

大气改正的设置是在星键(★)模式下进行的,参见仪器使用说明书中"2.5 大气改正的设置"。

(2) 棱镜常数的设置

南方的棱镜常数为－30,因此棱镜常数应设置为－30。如果使用的是另外厂家的棱镜,则应预先设置相应的棱镜常数。

棱镜常数设置在星键(★)模式下进行,参见仪器使用说明书中"2.4 棱镜常数的设置"。

(3) 距离测量(连续测量)

确认在角度测量模式下。

操作步骤	按 键	显 示
①照准棱镜中心	照准	【角度测量】 V: 87°56′09″ HR: 120°44′38″ 斜距 平距 坐标 置零 锁定 P1↓

②按[F1](斜距)键或[F2](平距)键,并按[F2](模式)键,选择连续精测模式①~②
[示例]平距测量
显示测量结果③~⑥
	[F2]	【平距测量】
		V: 87°56′09″
		HR: 120°44′38″
		HD: <
		VD: PSM 30
		            PPM 0
		            (m) *F.R
		测量 模式 角度 斜距 坐标 P1↓
		
		【平距测量】
		V: 87°56′09″
		HR: 120°44′38″
		HD: 796.097
		VD: 4.001 PSM 30
		                   PPM 0
		                   (m) F.R
		测量 模式 角度 斜距 坐标 P1↓

①显示在窗口第四行右面的字母表示如下测量模式。
 F:精测模式   T:跟踪模式
 R:连续(重复)测量模式 S:单次测量模式 N:n次测量模式
②若要改变测量模式,按[F2](模式)键,每按下一次,测量模式就改变一次。
③当电子测距正在进行时,"*"号就会出现在显示屏上。
④测量结果显示时伴随着蜂鸣声。
⑤若测量结果受到大气折光等因素影响,则自动进行重复观测。
⑥返回角度测量模式,可按[F3](角度)键。

(4) 距离测量(单次/n 次测量)

当预置了观测次数时,仪器就会按设置的次数进行距离测量并显示出平均距离值。若预置次数为1，则由于是单次观测，故不显示平均距离。仪器出厂时设置的是单次观测。

1) 置观测次数

确认在角度测量模式下。

操 作 步 骤	按 键	显 示
①按[F1](斜距)键或[F2](平距)键	[F1]或[F2]	【角度测量】 V:87°56′09″ HR:120°44′38″ 斜距 平距 坐标 置零 锁定 P1↓ 【平距测量】 V:87°56′09″ HR:120°44′38″ HD: < VD: PSM 30 PPM 0 (m) *F.R 测量 模式 角度 斜距 坐标 P1↓ 记录 放样 均值 m/ft P2↑
②按[F6](P1↓)键，进入第2页功能。 ③按[F3](均值)键，输入观测次数。 [示例]3次	[F6] [F3] [3]	【测量次数】 N: 3 退出 左移
④按[ENT]键，进行N次观测	[ENT]	【平距测量】 V:87°56′09″ HR:120°44′38″ HD: < VD: PSM 30 PPM 0 (m) *F.R 记录 放样 均值 m/ft P2↑

2) 观测方法

确认在角度测量模式下。

操 作 步 骤	按 键	显 示
①照准棱镜中心	照准	【角度测量】 V:87°56′09″ HR:120°44′38″ 斜距 平距 坐标 置零 锁定 P1↓

37

续表

操作步骤	按键	显示
②按[F1]（斜距）键或[F2]（平距）键，选择斜距或平距测量模式。 示例：平距测量 N次观测开始	[F1] 或[F2]	【平距测量】 V:87°56′09″ HR:120°44′38″ HD:　　　　　　< VD:　　　　　　　PSM 30 　　　　　　　　PPM 0 　　　　　　　　(m) *F.R [测量][模式][角度][斜距][坐标][P1↓] [记录][放样][均值][m/ft]　　[P2↓] 【平矩测量】 V:87°56′09″ HR:120°44′38″ HD:　54.321 VD:　 1.234　　　PSM 30 　　　　　　　　PPM 0 　　　　　　　　(m) *F.R [测量][模式][角度][斜距][坐标][P1↓]
③显示出平均距离并伴随蜂鸣声，同时屏幕上"＊"号消失		【平距测量】 V:87°56′09″ HR:120°44′38″ HD:　54.321 VD:　 1.234　　　PSM 30 　　　　　　　　PPM 0 　　　　　　　　(m) F. R [测量][模式][角度][斜距][坐标][P1↓]

- 观测结束后按[F1]（测量）键可重新进行测量。
- 按[F3]（角度）键返回到角度测量模式

（5）精测/跟踪模式

☆精测模式：这是正常距离测量模式。

　　　　　观测时间　　约3s

　　　　　最小显示距离为1mm（0.001ft）

☆跟踪模式：此模式测量时间要比精测模式短。主要用于放样测量中。在跟踪运动目标或工程放样中非常有用。

　　　　　观测时间　　约1s

　　　　　最小显示距离为10mm（0.02ft）

▶步骤如下：

操作步骤	按键	显示
①照准棱镜中心	照准棱镜	【角度测量】 V:87°56′09″ HR:120°44′38″ [斜距][平距][坐标][置零][锁定][P1↓]

续表

操作步骤	按键	显示

②按[F1]（斜距）键或[F2]（平距）键。
选择测距模式①。
示例：平距观测模式
进行距离测量
	[F1]
	或[F2]
		【平距测量】
		V:87°56′09″
		HR:120°44′38″
		HD: <
		          PSM 3.0
		VD: PPM
		0
		           (m) *F.
		R
		测量 模式 角度 斜距 坐标 P1↓

③按[F2]（模式）键，变为跟踪粗测模式		【平距测量】
		V:87°56′09″
		HR:120°44′38″
		HD:
		VD: PSM 30
		          PPM 0
		           (m) *T.
		R
		测量 模式 角度 斜距 坐标 P1↓

①每按一次[F2]（模式）键，观测模式就依次改变

（6）放样

该功能可显示测量的距离与预置距离之差。

显示值＝观测值－标准（预置）距离

可进行各种距离测量模式如平距（HD）、高差（VD）或斜距（SD）的放样。

[示例：高差的放样]

操作步骤	按键	显示

①在距离测量模式下按[F6](P1↓)键进入第2页功能	[F6]	【平距测量】
		V:87°56′09″
		HR:120°44′38″
		HD: <
		VD: PSM 30
		          PPM 0
		           (m) *F.R
		测量 模式 角度 斜距 坐标 P1↓
		记录 放样 均值 m/ft P2↓

②按[F2]（放样）键	[F2]	【放样】 HD: VD: 退出 左移

39

续表

操作步骤	按 键	显 示
③ 输入待放样的高差值并按[ENT]键。 观测开始	输入放样值 [ENT]	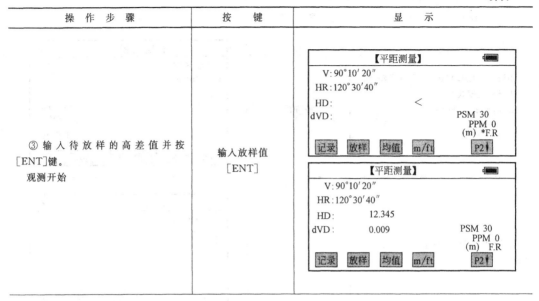

一旦将标准距离重新设置为"0"或关机,即可返回到正常距离测量模式

3.3.3 坐标测量

(1) 设置测站点坐标

设置好测站点(仪器位置)相对于原点的坐标后,仪器便可求出显示未知点(棱镜位置)的坐标。

关机后(若参数设置中[坐标记忆]设置为[开])测站点坐标仍可恢复。

确认在角度测量模式下。

操作步骤	按 键	显 示
① 按[F3](坐标)键	[F3]	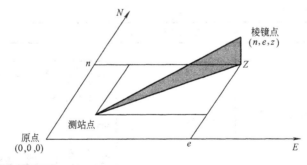

续表

操作步骤	按键	显示
②按[F6](P1↓)键进入第2页功能	[F6]	【坐标测量】 N:　　　　< E: Z:　　　　PSM 30 　　　　　PPM 0 　　　　　(m) *F.R [测量][模式][角度][斜距][平距][P1↓] [记录][高程][均值][m/ft][设置][P2↓]
③按[F5](设置)键,显示以前的数据	[F5]	【设置测站点】 N: 12345.670　m E:　　12.436　m Z:　　10.445　m [退出]　　　　　　　[左移]
④输入新的坐标值并按[ENT]键①	输入N坐标 [ENT] 输入E坐标 [ENT] 输入Z坐标 [ENT]	【设置测站点】 N:　1000.000　m E:　1000.000　m Z:　1000.000　m [退出]　　　　　　　[左移]
⑤测量开始		完成! 【坐标测量】 N:　　　< E: Z:　　　PSM 30 　　　　PPM 0 　　　　(m) *F.R [记录][高程][均值][m/ft][设置][P2↓]

①按[F1](退出)键可取消设置

(2) 设置仪器高/棱镜高

坐标测量须输入仪器高与棱镜高,以便直接测定未知点坐标。

确认在角度测量模式下。

操作步骤	按键	显示
①按[F3](坐标)键	[F3]	【角度测量】 V: 87°56′09″ HR: 120°44′38″ [斜距][平距][坐标][置零][锁定][P1↓]

41

续表

操作步骤	按键	显示

② 在坐标观测模式下，按[F6]
(P1↓)键进入第2页功能
	[F6]	【坐标测量】
		N:
		E:
		Z: PSM 30
		    PPM 0
		    (m) *F.R
		测量 模式 角度 斜距 平距 P1↓
		记录 高程 均值 m/ft 设置 P2↓

③ 按[F2]（高程）键，显示以前的数据	[F5]	【高程设置】 仪器高： 0.000 m 棱镜高： 0.000 m 退出 左移

④ 输入仪器高，按[ENT]键①。
⑤ 输入棱镜高，按[ENT]键。
显示返回到坐标测量模式
	仪器高
	[ENT]
	棱镜高
	[ENT]
		【高程设置】
		仪器高： 1.630 m
		棱镜高： 1.450 m
		退出 左移
		【坐标测量】
		N: <
		E:
		Z: PSM 30
		    PPM 0
		    (m) *F.R
		记录 高程 均值 m/ft 设置 P2↓

①按[F1]（退出）键可取消设置

(3) 坐标测量的操作

在进行坐标测量时，通过输入测站坐标、仪器高和棱镜高，即可直接测定未知点的坐标。

- 设置测站点坐标的方法，参见 3.3.3 节"设置测站点坐标"。
- 设置仪器高和棱镜高，参见 3.3.3 节"设置仪器高和棱镜高"。
- 未知点坐标的计算和显示过程如下：

测站点坐标：$(N0, E0, Z0)$

仪器中心至棱镜中心的坐标差：(n, e, z)

未知点坐标：$(N1, E1, Z1)$

$N1 = N0 + n$

$E1 = E0 + e$

$Z1 = Z0 + 仪器高 + z - 棱镜高$

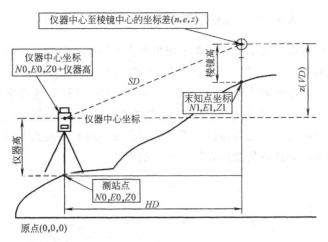

确认在角度测量模式下。

操作步骤	按键	显示
①设置测站坐标和仪器高/棱镜高① ②设置已知点的方向角② ③照准目标点	设置方向角 照准	【角度测量】 V：87°56′09″ HR：120°44′38″ 斜距 平距 坐标 置零 锁定 P1↓

④按[F3]（坐标）键③	[F3]	【坐标测量】
		 N： <
		 E：
		 Z： PSM 30
		              PPM 0
		              (m) *F.R
		 测量 模式 角度 斜距 平距 P1↓

⑤显示测量结果		【坐标测量】
		 N：14235.458
		 E：-12344.094
		 Z：10.674 PSM 30
		              PPM 0
		              (m) F.R
		 测量 模式 角度 斜距 平距 P1↓

①若未输入测站点坐标，则以缺省值(0,0,0)作为测站坐标。若未输入仪器高和棱镜高，则亦以 0 代替。
②参见仪器使用说明书中 4.1.3 节"水平度盘读数的设置"或 5.1 节"设置水平方向的定向角"。
③按[F2]（模式）键，可更换测距模式（单次精测/N次精测/重复精测/跟踪测量）。

· 要返回正常角度或距离测量模式可按[F6](P2↓)键进入第 1 页功能，再按[F3]（角度），[F4]（斜距）或[F5]（平距)键

43

3.4 全站仪程序测量模式的应用——放样

全站仪放样程序可以帮助用户在工作现场根据点号与坐标值放样出各个点位。

坐标数据由点号（N、E、Z）组成。坐标数据存储在作业名中。一个作业名可以长达 8 个字符；在仪器内存中可存储 10 个作业文件名，作业名可以是数字和字符。在作业管理选项中可以对作业名重新命名。在放样设置过程中，如果在作业中找不到输入的点号，软件会提示用户输入该点的坐标值。若在一个作业中具有重复点号时，将使用存储在内存中的最后一个点，并忽略其他具有相同点号的点。

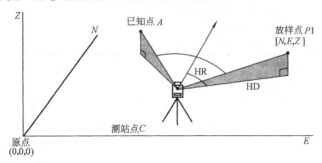

3.4.1 直接键入坐标数据

输入坐标数据选择项用于手工输入点号和坐标数据；如果内存中没有作业文件名，系统软件会提示创建作业。如果内存中存在作业，则坐标数据可以存储在当前作业或选定的作业中。在选择输入坐标数据选择项之前应选择一个作业名。作业名中可以包括数字和字母，可以长达 8 个字符。

首先显示输入点号的提示屏幕。在屏幕的左上角显示（记录号），表示点号和坐标的记录号。一旦输入了点号，下一屏幕显示允许输入坐标的提示屏幕。按［F6］（左移）键可以将光标从左面移到右面用于修改数据，按［F1］键返回到坐标数据主菜单。按［ENTER］键存储每一项数据。在输入高程数据后，显示新一点的点号，即在前一个点号上加 1。按［ESC］键取消坐标数据输入选择项。

3.4.2 放样方法

（1）设置方向角和放样坐标点

方向角选项利用测站点和后视点坐标计算后视方向角。一旦设置了后视方向角，便可以进行坐标放样。

操作步骤	按键	显示
①在主菜单中按[F1]（程序）键	[F1]	【程序】　　　　　　5/9 F1　标准测量 p F2　设置方向 p F3　导线测量 p F4　悬高测量 p F5　对边测量 p 翻页

续表

操作步骤	按键	显示
②按[F6]键进入该菜单的第2页	[F6]	【程序】 9/9 F1 角度复测 P F2 坐标放样 P F3 线高测量 P F4 偏心测量 P 翻页
③按[F3](坐标放样)键。 显示放样菜单屏幕 如创建过作业,屏幕中会显示作业信息	[F3]	【 放 样 】 F1 设置方向角 F2 设置放样点 F3 坐标数据 F4 选项 作业名　　SOUTH 点　数　　　10 格网因子　　1.000000
④按[F1]键设置方向角	[F1]	【设置测站点】 记录号　　　1 点号：1 数字 空格 ← → ↑ ↓
⑤A 输入测站点点号。测站点号可以是数字或字符。 如点号以字符开头,按[F1](字母)键便允许输入数字,参见仪器使用说明书3.12节"输入字符和数字" ⑤B 如仪器内存中没有该测站点的坐标值,便显示输入该点坐标的输入屏幕。 按[F1](输入)键进行输入测站点的坐标。 如需要零值,按[F6](确认)键。 如坐标值是其他数据,则输入坐标并按[ENTER]键接受该数据。 ·注意:点号和坐标值在输入完后,不存储在内存中	[F1] 输入点号 [F1] 输入坐标 [F6]	A 【 设 置 测 站 点 】 记录号　　　1 点号：1 数字 空格 ← → ↑ ↓ B 【设置方向值】 测站点 N: 0.000　m E: 0.000　m Z: 0.000　m 输入 确认

续表

操作步骤	按键	显示
⑥输入仪器高后按[ENTER]键	输入仪器高 [ENTER]	【设置放样点】 仪器高：1.600
⑦A 输入放样点的点号。 如内存中存在该点的坐标,便进入到第⑧步。 如内存中没有该点号,便进入到第⑦B ⑦B 输入放样点的坐标值,并在输入完每一坐标值后按[ENTER]键。继续进行第⑧步	输入点号 输入坐标值 [ENTER]	A 【设置放样点】 记录号　1 点号：3 数字　空格　←　→ ↑ B 【设置放样点】 N: 1.000.000　m E:　　0.000　m Z:　　0.000　m
⑧输入放样点的棱镜高	输入棱镜高	【设置放样点】 棱镜高：1.750
⑨显示待放样点的放样角度和放样距离。 从后视点,仪器应旋转45°23′45″才能转到放样点的方向上,平距 23.901 是仪器到放样点的距离		【放样】 dHR:　　45°23′45″ dHD:　　23.901m 角度　距离　精粗　坐标　指挥 继续 [F1]　[F2]　[F3]　[F4]　[F5] [F6]

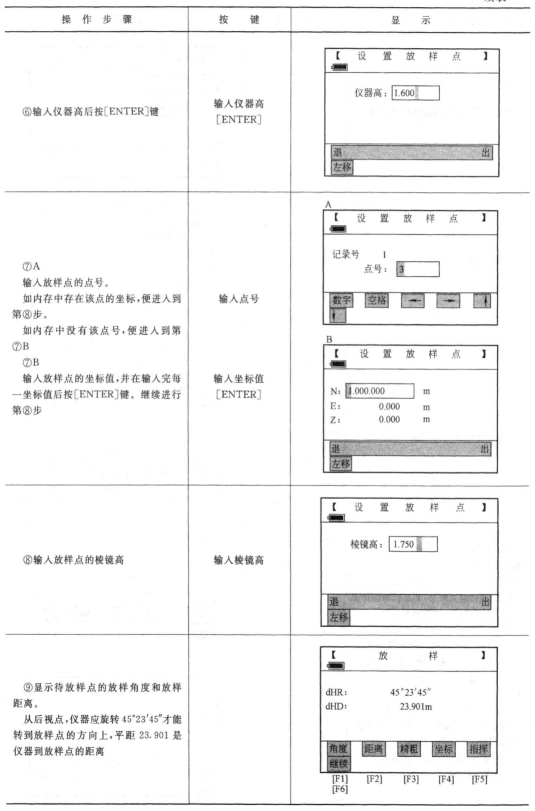

(2) 使用定向功能进行放样

定向功能用于野外放样时有以下两项作用：

1) 使持镜员既快又准确地将棱镜移到放样的位置，通过仪器操作者测量的棱镜到仪器的距离来指示持镜员的移动；(向后)表示朝着仪器的方向移动棱镜，(向前)表示朝着远离仪器的方向移动棱镜。(向右)或(向左)表示向右或向左移动到要放样的点位的方向上，(向右)或(向左)导向信息对于在实际点位非常接近设计点位时是十分有用的。参照图表和下面的文字介绍。

2) 放样完成后显示填挖信息。输入最后一点的棱镜高，全站仪便会显示填(向上)或挖(向下)信息。

操 作 步 骤	按　键	显　　示
①在角度或距离放样屏幕中按[F5](指挥)键	[F5]	dHR: 45°23′45″ dHD: 23.901m 角度　距离　精粗　坐标　指挥 继续
②下一屏幕便显示到达放样点应向左或向右移动的距离以及向朝着靠近仪器方向移动还是向远离仪器的方向移动。在观测数据最后一行会显示填(向上)或挖(向下)信息，它是根据前一点输入的棱镜高来计算的		← 向右　1.562m ↑ 向前　0.895m ↑ 向上　1.009m 角度　距离　精粗　坐标　指挥 继续
③当测量的坐标点与设计点之差在±5mm之内时，便显示"不动"和(＋)或(－)号		不动　　0.002m 不动　　0.001m 不动　－0.002m 角度　距离　精粗　坐标　指挥 继续

实 训 课 题

1. 测定地面两点间的高差：DS3 水准仪的使用，先熟悉仪器的主要部件的名称和作用，再测量两点高差。所需设备有 DS3 级水准仪 1 套，水准尺 1 对，记录本 1 本，伞 1 把。时间为两课时。完成附表一。

2. 闭合水准路线测量：由一个已知高程点 BM_0 开始，选定 6~8 个点组成闭合水准路线进行测量及精度计算。所需设备有 DS3 级水准仪 1 套，水准尺 1 对，尺垫 2 个，记录本 1 本，伞 1 把。时间为两课时。完成附表二。

3. 水准仪的检验与校正：对 DS3 级水准仪进行一般性检查和轴线关系检查和校正。

所需设备有DS3级水准仪1套,水准尺1对,尺垫2个,皮尺1个,拨针1个,螺丝刀2个,记录本1本,伞1把。时间为两课时。完成附表三。

4. 经纬仪的使用：DJ6型经纬仪的基本构造及其主要部件的名称及作用；练习经纬仪对中、整平、瞄准与读数的方法,并掌握基本操作要领。所需设备有DJ6型经纬仪1套,木桩1个,铁锤1把,伞1把。时间为两课时。完成附表四。

5. 水平角测量：每人完成一个水平角测量（测回法）,每组可以组成一个闭合多边形以便校核。所需设备有DJ6型经纬仪1套,木桩4~5个,铁锤1把,铁钉4~5个,伞1把。时间为四课时。完成附表五。

6. 竖直角测量：测回法测量竖直角（正竖直角和负竖直角）。所需设备有DJ6型经纬仪1套,木桩1个,铁锤1把,伞1把。时间为两课时。完成附表六。

7. 经纬仪的检验与校正：对DJ6型经纬仪进行一般性检查和轴线关系检查和校正。所需设备有DJ6型经纬仪1套,木桩1个,铁锤1把,伞1把。时间为两课时。完成附表七。

8. 全站仪的使用：全站仪的基本构造及其主要部件的名称及作用；练习全站仪对中、整平、瞄准与读数的方法,并掌握角度和距离的测量方法（可测量一闭合多边形的边长和内角）。所需设备有全站仪1套,木桩1个,铁锤1把,伞1把。时间为两课时。完成附表八。

思考题与习题

1. 用水准仪测定 A、B 两点间高差,已知 A 点高程为 $H_A = 105.018 \text{m}$, A 尺上读数为 1.226m; B 尺上读数为 1.628m,求 A、B 两点间高差 h_{AB} 为多少？B 点高程 H_B 为多少？绘图说明。

2. 何谓水准管轴？何谓圆水准器轴？何谓水准管分划值？

3. 何谓视准轴？何谓视差？视差应如何消除？

4. 水准测量中为什么要求前后视距相等？

5. 水准测量时,在什么立尺点上放尺垫？什么点上不能放尺垫？

6. 水准测量中,怎样进行记录计算校核和外业成果校核？

7. 水准测量测站检核的作用是什么？有哪几种方法？

8. 水准仪主要有哪几条轴线,它们之间应满足什么几何条件？

9. 图1-35分别为附合水准路线和闭合水准路线的观测成果,请分别列表计算各待求点高程（按图根水准测量精度计算）。

10. 什么叫水平角？"一点至两目标点视线的夹角为水平角"的说法是否正确？为什么？

11. 用经纬仪观测时,若仪器架设的高度不同,所测水平角角度是否相同？为什么？

12. 经纬仪精确整平后,圆水准器气泡可能没有居中,有少许偏离,对角度观测有没有影响？为什么？

13. DJ6型光学经纬仪由哪几部分组成？各部分的作用是什么？

14. 经纬仪的安置包括哪几个步骤？简述其操作过程。

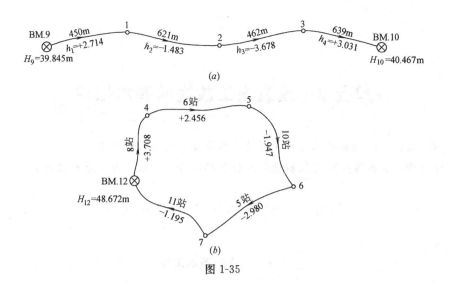

图 1-35

15. 简述用度盘变换手轮配置某方向为 $0°00'00''$ 的操作步骤。
16. 计算角度时，右方向点的读数小于左方向点的读数时，应该怎样计算？
17. 简述测回法测量水平角的操作步骤和限差要求。
18. 完成下表测回法观测水平角的角度计算。

测站	盘位	目标	水平度盘读数 (° ′ ″)	半测回角值 (° ′ ″)	一测回角值 (° ′ ″)
O	盘左	A	0 01 18		
		B	65 38 06		
	盘右	A	180 01 36		
		B	245 38 12		

19. 全站仪的基本组成部件有哪些？
20. 全站仪的基本操作包括哪些内容？
21. 全站仪的标准测量模式包括哪些内容？
22. 全站仪的电池在使用和充电过程中需要注意哪些事项？
23. 简述利用全站仪进行水平角（右角）和竖直角测量的操作步骤。
24. 简述利用全站仪进行距离测量的操作步骤。
25. 简述利用全站仪进行坐标测量的操作步骤。
26. 简述利用全站仪进行点位放样的基本方法。

单元 2 建筑施工放线的基本知识

知 识 点：放样的基本工作；放样的基本方法；施工放线工具。
教学目标：会用常规测量仪器进行点位放样；会正确使用施工放线工具。

课题 1 放样的基本工作和方法

1.1 放样的基本工作

测量的基本工作是水平距离测量、水平角测量和高差测量。放样的基本工作与之相近，是已知水平距离的放样、已知水平角的放样和已知高程的放样。

1.2 已知水平距离的放样

已知水平距离的放样是将图纸上设计好的直线方向和长度在地面上准确地用标志反映出来。就是根据已知的起点、线段方向和两点间的水平距离找出另一端点的地面位置。已知水平距离放样所用的工具与丈量地面两点间的水平距离相同，即钢尺或光电测距仪（或全站仪）。

(1) 用钢尺放样已知水平距离

① 一般方法

首先检核施工现场的已知起点和已知方向。然后从已知起点开始，沿给定方向按已知长度值，用钢尺直接丈量出另一端点。为了检核，应往返丈量，取其平均值作为最终结果。

② 精确方法

当放样精度要求较高时，先按一般方法放样，再对所放样的距离进行精密改正，即进行尺长、温度、高差三项改正，精密量距计算公式可改写为：

$$D_{放} = D_{设} - (\Delta l_d + \Delta l_t + \Delta l_h) \tag{2-1}$$

(2) 用光电测距仪（或全站仪）测设已知水平距离

目前水平距离的放样，尤其是较长水平距离的放样多采用光电测距仪。用光电测距仪放样已知水平距离与用钢尺放样已知水平距离的方式一致，先用跟踪法放出另一端点，再精确测量其长度，最后进行改正。

如图 2-1 所示，安置仪器于 A 点，瞄准

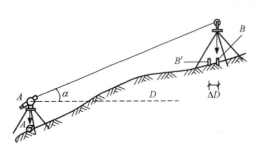

图 2-1 光电测距仪测设水平距离

并锁定已知方向,沿此方向移动反光棱镜,使仪器显示值略大于测设的距离,定出 B' 点。在 B' 点安置反光棱镜,测出竖直角 α 及斜距 L,计算水平距离 $D'=L\cos\alpha$,求出 D' 与应测设的水平距离 D 之差 $\Delta D=D-D'$。根据 ΔD 的符号在实地用钢尺沿测设方向将 B' 改正至 B 点,并用木桩标定其点位。为了检核,应将反光镜安置于 B 点,再实测 AB 距离,其不符值应在限差之内,否则应再次进行改正,直至符合限差为止。

【例 2-1】 设欲用钢尺放样 AB 的水平距离 $D=29.7500\text{m}$,使用的钢尺名义长度为 30m,实际长度为 29.9870m,钢尺检定时的温度为 20℃,钢尺膨胀系数为 $1.23\times10^{-5}/℃$,A、B 两点的高差为 $h=-0.568\text{m}$,实测时温度为 32.5℃。求放样时在地面上应量出的长度是多少?

【解】

① 尺长改正:$\Delta l_d = \dfrac{29.9870-30}{30} \times 29.7500 = -0.0129\text{m}$

② 温度改正:$\Delta l_t = 1.23 \times 10^{-5} \times (32.5-20) \times 29.7500 = 0.0046\text{m}$

③ 倾斜改正:$\Delta l_h = \dfrac{(-0.568)^2}{2 \times 29.7500} = -0.0054\text{m}$

④ 放样长度为:
$$D_{放} = D_{设} - (\Delta l_d + \Delta l_t + \Delta l_h) = 29.7500 - [(-0.0129)+0.0046+(-0.0054)]$$
$$= 29.7637\text{m}$$

1.3 已知水平角的放样

放样已知水平角是将图纸上设计好的水平角值和位置在地面上准确地用标志反映出来。也就是根据水平角的已知数据和一个已知方向,把该角的另一个方向放样在地面上。

(1) 一般方法

如图 2-2 所示,已知地面上 OA 方向,向右放样已知水平角 β,定出 OB 方向,步骤如下:

① 在 O 点安置经纬仪,盘左位置,瞄准 A 点,并使水平度盘读数为 $0°00'00''$。

② 松开水平制动螺旋,旋转照准部,使水平度盘读数为 β 值,在此方向线定出 B' 点。

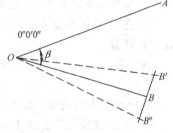

图 2-2 已知水平角一般测设方法

③ 盘右位置同法定出 B'' 点,取 B'、B'' 连线的中点 B,则 $\angle AOB$ 就是要放样的水平角 β。

(2) 精确方法

当对放样精度要求较高时,可按下述方法步骤进行:

① 如图 2-3 所示,先按一般方法定出 B_1 点。

② 反复观测水平角 $\angle AOB_1$ 若干个测回,准确求其平均值 β_1,并计算出它与已知水平角的差值 $\Delta\beta = \beta - \beta_1$。

③ 计算改正距离:$BB_1 = OB_1 \dfrac{\Delta\beta}{\rho}$

式中 OB_1——观测点 O 至放样点 B_1 的距离;

ρ——206265″。

④ 从 B_1 点沿 OB_1 的垂直方向量出 BB_1，定出 B 点，则 $\angle AOB$ 就是要放样的已知水平角。

注意：如 $\Delta\beta$ 为正，则沿 OB_1 的垂直方向向外量取；反之向内量取。

当前，随着科学技术的日新月异，全站仪的智能化水平越来越高，能同时放样已知水平角和水平距离。若用全站仪放样，可自动显示需要修正的距离和移动方向，非常方便。

1.4 已知高程的放样

（1）高程放样是根据已知水准点，在地面上标定出某设计高程的点。

如图 2-4 所示，在某设计图纸上已确定建筑物的室内地坪高程为 151.500m，附近有一水准点 A，其高程为 $H_A=150.950$m。现在要把该建筑物的室内地坪高程放样到木桩 B 上，作为施工时控制高程的依据。其方法如下：

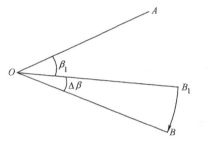

图 2-3 已知水平角精确测设方法　　　　图 2-4 已知高程的测设

① 安置水准仪于 A、B 之间，在 A 点木桩上竖立水准尺，测得后视读数为 $a=1.867$m。
② 在 B 点处设置木桩，在 B 点木桩上竖立水准尺，测得前视读数为 $b=0.765$m。
③ 计算：

视线高　　　　　$H_i=H_A+a=150.950+1.867=152.817$m
B 桩高　　　　$H_B=H_i-b=152.817-1.207=151.610$m
放样点的高程位置　$C=$设计高$-H_B=151.500-151.610=-0.110$m

④ 在 B 桩顶往下量 0.110m 处画一道红线，此线位置就是图纸设计室内地坪的位置。

（2）在深基坑内放样高程时，水准尺的长度不够，这时，可在坑底或楼层面上先设置临时水准点，然后将地面高程点传递到临时水准点上，再放样所需高程。

如图 2-5 所示，欲根据地面水准点 A 放样坑内水准点 B 的高程，作为基坑底的高程控制点，可在坑边架设吊杆，杆顶吊一根零点向下的钢尺，尺的下端挂上重锤，在地面和坑内各安置一台水准仪，则 B 点的标高为：

$$H_B=H_A+a_1-b_1+a_2-b_2$$

式中　a_1、b_1、a_2、b_2——标尺的读数。

然后，改变钢尺悬挂位置，按以上同样做法再次观测，以便校核。

1.5 点的平面位置放样

点的平面位置放样常用的方法有极坐标法、角度交会法、距离交会法和直角坐标法。

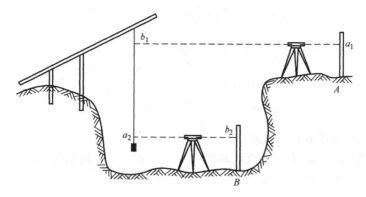

图 2-5 深基坑水准点高程放样

放样时选用哪一种方法，应根据控制网的形式、现场情况、精度要求等因素综合考虑。

(1) 直角坐标法

当在施工现场有互相垂直的主轴线或方格网时，可以用直角坐标法放样点的平面位置。

如图 2-6 所示，1、2、3 点为方格网点，A、B、C、D 为待测的建筑物角点，各点坐标分别为 A (60, 120)，B (60, 200)，C (80, 120)，D (80, 200)。2 点坐标为 (40, 100)，在 2 点安置经纬仪，后视 3 点，得 2-3 方向线，沿此方向分别量距 20m 和 100m 得 P、M 两点，并做出标志。再在 P 点安置经纬仪，后视 2 或 3 点中的一个较远的点，正倒镜拨角 90°取其平均值，得 PC 方向线，沿此方向分别量距 20m 和 40m，得 A、C 两点，做出标志。同法在地面标志出 B、D 两点。最后，按设计距离及角度要求检测 A、B、C、D 四点。若不满足设计精度要求，则需进行调整，直至这四点满足设计要求，并加固标志点。直角坐标法只量距离和直角，数据直观，计算简单，工作方便，因此，直角坐标法应用较广泛。

(2) 极坐标法

极坐标法是根据水平角和距离来放样点的平面位置的一种方法。当已知点与放样点之间的距离较近，且便于量距时，常用极坐标法放样点的平面位置。

如图 2-7 所示，A、B 是已知平面控制点，其坐标为：$x_A = 1000.000$m，$y_A = 1000.000$m，$\alpha_{AB} = 305°48'32''$，P 为放样点，其设计坐标为 $x_P = 1033.640$m，$y_P = 1028.760$m。

用极坐标法放样，首先计算放样数据 D_{AP} 和 β（图中为 $\angle BAP$）。

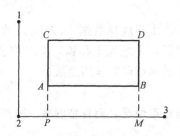

图 2-6 直角坐标法放样点的平面位置

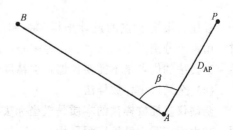

图 2-7 极坐标法放样点的平面位置

$$\left.\begin{aligned}\alpha_{AP} &= \tan^{-1}\frac{y_P - y_A}{x_P - x_A}\\ \alpha_{AB} &= \tan^{-1}\frac{y_B - y_A}{x_B - x_A}\\ \beta &= \alpha_{AP} - \alpha_{AB}\\ D_{AP} &= \sqrt{(x_P - x_A)^2 + (y_P - y_A)^2}\end{aligned}\right\} \quad (2-2)$$

详细计算过程请读者自行计算。

放样时，把经纬仪安置在 A 点，瞄准 B 点，按顺时针方向放样∠BAP，得到 AP 方向，沿此方向放样水平距离 D_{AP}，得到 P 点的平面位置。

（3）角度交会法

当放样地区受地形限制或量距困难时，常采用角度交会法放样点位。

如图 2-8 所示，根据控制点 A、B、C 和放样点 P 的坐标计算 β_1、β_2、β_3、β_4 角值。将经纬仪安置在控制点 A 上，后视点 B，根据已知水平角 β_1 盘左盘右取平均值放样出 AP 方向线，在 AP 方向线上的 P 点附近打两个小木桩，桩顶钉小钉，如图 2-8 中 1、2 两点。同法，分别在 B、C 两点安置经纬仪，放样出 3、4 和 5、6 四个点，分别表示 BP 和 CP 的方向线。将各方向的小钉用细线拉紧，在地面上拉出三条线，得三个交点。由于有放样误差，由此而产生的这三个交点就构成了误差三角形。当此误差三角形的边长不超过 4cm 时，可取误差三角形的重心作为所求 P 点的位置。若误差三角形的边长超限，则应重新放样。

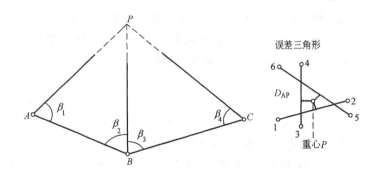

图 2-8　角度交会法放样点的平面位置

（4）距离交会法

当建筑场地平坦，量距方便，且控制点离放样点不超过一整尺长度时，可用距离交会法。

首先，根据 P 点的设计坐标和控制点 A、B 的坐标，计算放样数据 D_1、D_2。放样时，用钢尺分别以控制点 A、B 为圆心，以 D_1、D_2 为半径，在地面上画弧，交出 P 点。距离交会法的优点是不需要仪器，但精度较低，在施工中放样细部时常用此法。

（5）全站仪坐标放样法

全站仪坐标放样法的本质是极坐标法，它能适合各类地形情况，而且精度高，操作简便，在生产实践中已被广泛采用。

放样前，将全站仪置于放样模式，向全站仪输入测站点坐标、后视点坐标（或方位角),再输入放样点坐标。准备工作完成之后,用望远镜照准棱镜,按坐标放样功能键,则可立即显示当前棱镜位置与放样点位置的坐标差。根据坐标差值,移动棱镜位置,直至坐标差值为零,这时,棱镜所对应的位置就是放样点位置,然后,在地面做出标志。

课题 2 建筑施工放线工具

2.1 墨线盒

(1) 墨线盒的作用

墨线盒的作用是将两点连成一直线,作为施工依据。如施工现场的水平线、平面轴线、柱中心线等。墨线盒是建筑施工放样的主要工具之一。可以与水平尺、水准仪、垂球等测量仪器和工具联合使用。

(2) 墨线盒的形状及组成部分(图2-9)

墨线盒,顾名思义就是墨盒和线盒两部分组成。棉线通过墨盒染上墨汁带出有色的墨线,它可以弹画在许多物体上,较长时间都不变色和脱落,所以由古代传用至今。

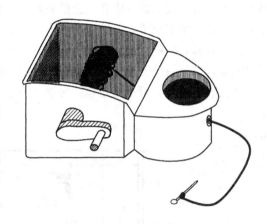

图 2-9 墨线盒

(3) 墨线盒的正确使用方法(图2-10)

在墨盒中放置棉花(棉纱),倒上墨汁湿润棉花。拉出墨线,一人站在起点,另一人站在线段的终点,两人同时一手托住墨线拉紧并按在点上。其中由一人提起墨线至规定的高度,然后松开手,墨线在地面弹出一条直线。注意弹线时线要拉紧,提起高度要适宜,否则线不直或重线。

图 2-10 弹墨线示意图

2.2 线　　坠

线坠又名垂球，它由线和坠组成。坠是一个金属圆锥体。东西虽小，简便多用。在建筑工地上，施工技术人员、质检人员和各工种工人都会用它作引测垂线、检测墙体、柱等建（构）筑物的垂直度。它的重量与大小可根据施工人员使用的对象不同而决定。一般为 0.25～10.0kg，手持用 0.25～2kg，悬挂用的一般为 5～10kg。这是建筑施工放线随身携带的工具（墨线盒、垂球、卷尺、水平尺等）之一。

下面我们举几则比较典型的线坠使用的实例。

(1) 手持式的使用

在墙上用垂球吊线，在适当位置弹上几道垂直线作为垂直标准线段，可以控制窗口、阳台、落水管、爬梯以及附在墙上的各种构件和装饰物，保证沿垂直方向成一条线，同时也可以控制其水平位置，如图 2-11 所示。图中的 a、b、c 为控制尺寸。在砌筑时也可以控制游丁走缝，垂线可随砌随向下延长。在抹灰时，吊线也可以控制垂直分格和各种装饰图案线条，即所谓"上量下坠"（上量水平尺寸，下面坠上垂球）。有些部位用墨线后易被污染并且不宜清除，可采用粉包，内盛红土粉末或白粉，如图 2-12 所示。

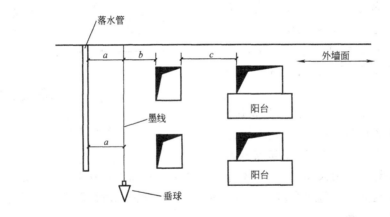

图 2-11　用垂球控制立面线条

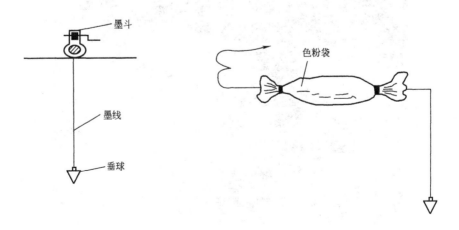

图 2-12　用垂球墨斗或垂球红土包弹垂直线

（2）悬挂式的使用

建筑物的主轴线竖向传递是保证其垂直度的重要措施。一般采用经纬仪在4个大角上观测，仪器安放在室外。有时因场地狭小，仰角过大，不便操作，在室内竖向传递用仪器也不方便。若用垂球传递较为方便和实用，其方法是在地面上划出与主轴平行的传递线，当墙体砌筑（或混凝土）浇筑至上层顶面时，在其顶部相应位置上挂两个垂球，当两个垂球同时垂直于下层传递线时，可定出上层的传递线，再用这条线确定该楼面的主轴线和其他尺寸线，如图2-13所示。同理，可通过柱中心线向上投递上层主轴线，就是先在下层弹出柱中心线，在上层挂吊线与下层柱中心线重合，在上层吊线上作标记，在另一柱上用同样方法确定另一主轴线的点位，并量取下层两柱中心线的长度，复核上层两主轴线点位间的长度，如果不等，则应重新检查，并使其附合为止。

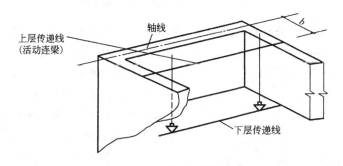

图 2-13　用垂球竖线传递

一般圆形高耸的构筑物（如烟囱、水塔之类），每砌筑和提升一步架时应引测一次中心线，即在构筑物上方放一长木方子，在木方子上用细钢丝悬挂一个8～10kg的垂球，用来核对基础中心控制点，在对点时，一人在上调木方子，一人在下对准中心点，位置定下来以后，就可以以钢丝为圆心，决定相应圆的半径了，检查圆柱体内侧四周是否等距，砌筑平面的外侧四周是否等距，并加以修复。

（3）点线的移动

在龙门板中心钉挂线，向基槽内引出中心点和中心线，从而可以在基坑内弹出墨线，以保证基础的正确位置（见图2-14），把 A 轴线交点垂直引至槽底定出 B 点。用同样方法

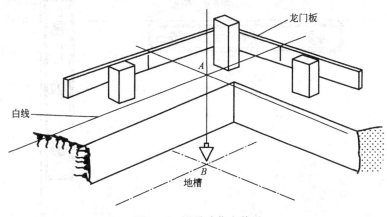

图 2-14　用垂球作点传递

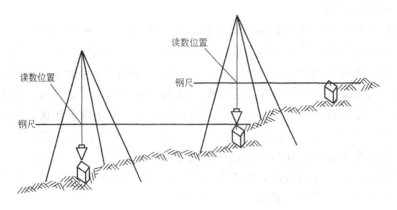

图 2-15 用垂球架测量斜坡的水平距

定出其他各交点，如果需要测量两点的水平距离，当地面有倾斜时，直接测量两点时所得的是斜距，测水平距离就应用垂球按图 2-15 的方法测量。用垂球也可以制作一个简易的水平仪，用一块 45°三角板或木工方尺就可以决定一条水平线了（见图 2-16）。

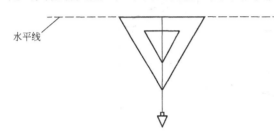

图 2-16 用垂球形成"水平仪"作水平线

（4）水平尺

① 作用：在小范围内，以点作面（水平线）；以点作垂直线时，都是以它作衡量的工具，也可作为画直线的直尺使用。

② 构造：如图 2-17 所示，水平尺是由木方和水准管组成，尺身是用一条直身，木质变形小的木方制造，木方上安装两个相互垂直的水准管。由于木方始终会产生变形，所以又用金属铝制造尺身，以减少尺身变形，这样使水平尺重量轻、携带方便、耐用。

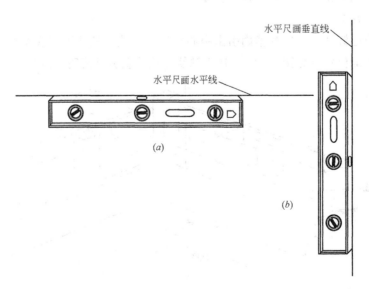

图 2-17 水平尺以点引线

③ 使用：水平尺在土木施工中的广泛应用，取代了古代用一盆水作水平线的时代。它可以从一点出发引出一条水平线，首先将一白细线的一端压定在该点上，另一端拉紧细线大致水平，水平尺平靠在线段约中心位置调平，观测和调整细线与水平尺面平行，作出标记，两点连线即为水平线；同理它可以从一点出发引出一条垂直线，也可以用作检测构件安装的质量，如门窗是否水平或垂直，地面砖铺设是否平整等，是施工现场常用的放线工具。

2.3 用做检测工具

瓦工用的靠尺板、砌筑隔墙的立线、抹灰工的冲筋打点，瓦工的三行一吊、五行一靠，抹灰工的托线板，都是用于墙面和阴阳角垂直的做法和工具。木工或管道工用吊线的方法检查竖立起来的模板或管道的垂直度。吊装工用垂球吊线检验吊装起来的屋架、托架梁是否垂直等。烟囱筒体一般是上小下大，有 2.5%～3.0% 的收分，这时用垂球吊线作一收分板，就可以检验烟囱的纵向坡度了，如图 2-18（a）所示。圆墙体每升高一段就应检测一次。

托线板的另一种形式是吊线槽（图 2-18b），将上端悬空板挂靠在圆墙体上，吊线的一边板面刻有 10mm 为一小格的刻划线。如果圆墙体是垂直的，吊线应与刻划中线重合；若圆墙体是圆锥体的向上收细为 3.0%，将吊线槽挂靠在圆墙体外侧，这时吊线应在中线向内侧 3 格的位置上，否则要检查或修正圆墙体。

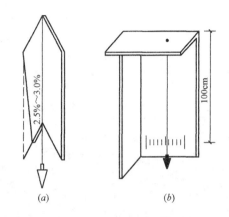

图 2-18 有收分的构筑物检测工具
（a）用托线板检查垂直度；
（b）用吊线槽检查垂直度

以上检测工具可在筒体外侧使用，同时也可在筒体内侧使用，如砌体式的水井、水塔和工业烟囱等。

实 训 课 题

1. 利用垂球和水平尺弹外墙饰面分格线。所需设备有垂球 1 个，水平尺 1 个，墨线盒 1 个，记录板 1 块，伞 1 把。时间为两课时。完成附表九。

2. 测设已知高程值的点。所需设备有水准仪 1 套，水准尺 1 对，红蓝铅笔 1 支，记录板 1 个，伞 1 把。时间为两课时。完成附表十。

3. 测设 90°角（简易法和经纬仪法），分析对比，得出结论。所需设备有经纬仪 1 套，钢尺 1 把，木桩 3 个，铁钉 3 个，铁锤 1 把，记录板 1 块，伞 1 把。时间为两课时。完成附表十一。

思 考 题 与 习 题

1. 测设的基本工作有哪几项？

2. 点的平面位置放样方法有哪几种？各适应在什么场合使用？

3. 在施工现场还常用有哪些放线工具，如何使用？

4. 已知 $\alpha_{MN} = 300°04'$；$x_M = 14.22\text{m}$，$y_M = 86.71\text{m}$；$x_A = 42.34\text{m}$，$y_A = 85.00\text{m}$。若将仪器安置在 M 点，请计算用极坐标法测设 A 点所需的数据，并绘简图说明测设步骤（距离算至 0.01m）。

单元 3 建筑施工放线

知 识 点：地形图基本知识；建筑施工图读图；场地平整；建筑施工控制测量；民用建筑物定位放线。

教学目标：读懂地形图；能从建筑施工图中找到施工放线所需要的尺寸；计算施工放线所需要的相关数据；会进行场地平整的测量和计算；会布置简单的控制网；会进行民用建筑物定位放线；会进行点位的复核。

课题1 建筑施工放线相关图基本知识

1.1 概　　述

地形图和建筑物相关图是建筑施工放线的基础和依据，建筑施工图包括有：建筑总平面图、建筑平面图、立面图、剖面图及建筑施工详图等图纸。它们是施工的依据，也是施工放线的依据。在施工放线前必须学会读图，了解建筑物的位置和轴线之间的关系，计算所需的测量放线数据。

1.2 地形图基本知识

地形图是使用测量仪器和测图方法，将地面上的地物和地貌按一定的比例缩绘而成的正射投影平面图形，它反映了地面各种地物的位置和大小，反映地形的高低情况。因此作为一名测量放线工，应该能读懂地形图中各种信息，从图中找出所需的测设数据，了解各种地物的相对位置关系。地形图中地物是用《地形图图式》规定的符号来表示的，简称为地物符号，它可分为以下四种：

(1) 比例符号

地物的轮廓较大，能按比例尺将地物的形状、大小和位置缩小绘在图上以表达轮廓线的符号。这类符号一般是用实线或点线表示其外围轮廓，如房屋、湖泊、森林、农田等。

(2) 非比例符号

一些具有特殊意义的地物，轮廓较小，不能按比例尺缩小绘在图上时，就采用统一尺寸，用规定的符号来表示，如三角点、水准点、烟囱、消火栓等。这类符号在图上只能表示地物的中心位置，不能表示其形状和大小。

(3) 半比例符号

一些呈线状延伸的地物，其长度能按比例缩绘，而宽度不能按比例缩绘，需用一定的符号表示的称为半比例符号，也称线状符号，如铁路、公路、围墙、通信线等。半比例符号只能表示地物的位置（符号的中心线）和长度，不能表示宽度。

(4) 地物注记

地形图上对一些地物的性质、名称等加以注记和说明的文字、数字或特定的符号，称为地物注记，例如房屋的层数，河流的名称、流向、深度，工厂、村庄的名称，控制点的点号、高程，地面的植被种类等。

地貌一般用等高线表示地形的高低起伏情况，等高线是地面上高程相等的各相邻点连成的闭合曲线。相邻两条等高线之间的高差称为等高距，等高距不同，反映地面高低起伏的精确度不同，同一幅地形图上，等高距是相同的。相邻两条等高线之间的水平距离称为

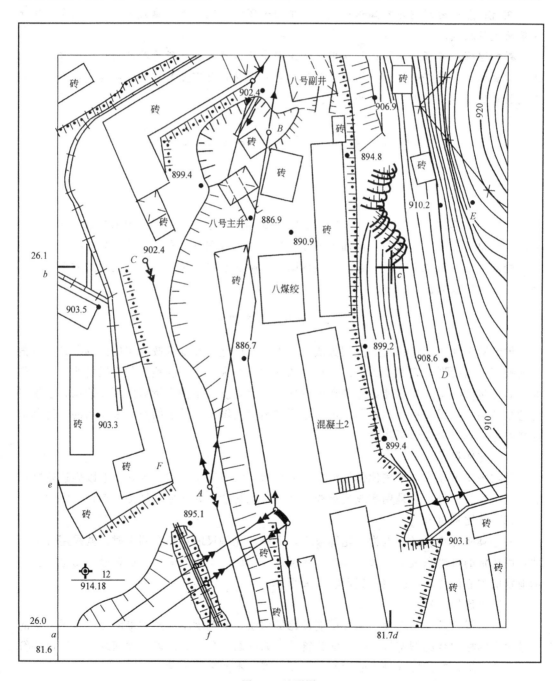

图 3-1 地形图

等高线平距。在同一幅地形图中，等高线平距越小，地面坡度越大，等高线平距越大，则地势越平缓。如图 3-1 所示为一幅地形图。

1.3 地形图的应用

地形图图廓有内外图廓线，内为细实线，为方格网（10cm×10cm）的边界线。从方格网的坐标值可知道地形图的测图比例尺，也可知道以下信息：

(1) 图中每点坐标的计算

若点在方格网交点上，则点的坐标为该方格网交点坐标；若点不在方格网交点上，则可用比例尺内插法或直接采用比例尺（1：M，图 3-1 的 M=1000）计算均可求该点坐标。

如图 3-1 中 A 点坐标的求法为：在图上找出圆点 A 方格的四个交点，图中 a、b、c、d，过 A 点在 x 轴、y 轴的垂直线分别交出 e、f 点。用三角尺量得 ae、ab、af、ad 的距离分别为 ae=3.9cm，ab=10cm，af=4.6cm，ad=10cm。

方法一：比例尺内插法　　$x_A = x_a + \dfrac{ae}{ab}(x_b - x_A) = 26000 + 3.9 \times 10 = 26039$m

$$y_A = y_a + \dfrac{af}{ad}(y_b - y_A) = 81600 + 4.6 \times 10 = 81646\text{m}$$

则 A 点坐标为：A（26039，81646）。

方法二：直接采用比例尺计算　　ae=3.9cm=0.039m，af=4.6cm=0.046m，M=1000

$$x_A = x_a + ae \times M = 26000 + 0.039 \times 1000 = 26039\text{m}$$

$$y_A = y_a + af \times M = 81600 + 0.046 \times 1000 = 81646\text{m}$$

则 A 点坐标为：A（26039，81646）。

(2) 图中点的高程计算

若点在等高线上，则点的高程为该等高线的高程，如图中 m 点，其高程为 906m。

若点不在等高线上，则用比例内插法求点的高程，如图 3-1 上 D 点高程的求法为，过 D 点作相邻两等高线的垂直线，分别交于 m、n 用三角尺丈量 mn、md。如图 3-1，mn=4mm，mD=3mm

则　　$H_D = H_m + \dfrac{mD}{mn}(H_n - H_m) = 906 + \dfrac{3}{4}(907 - 906) = 906.75$m

(3) 图中两点距离的计算

若两端点坐标都已计算出来，则用两点间的距离计算公式可计算其距离。例如：

$D_{AB} = \sqrt{(x_B - x_A)^2 + (y_B - y_A)^2}$，也可用比例尺在图中直接丈量。

(4) 图中直线方位角的计算

方位角是由标准方向的北端（地形图的正上方）起顺时针转至该直线的夹角，用 α 表示。若两点的坐标已算出，则可利用公式：

$\alpha_{AB} = \tan^{-1} \dfrac{y_B - y_A}{x_B - x_A}$ 计算其方位角值，也可以在地形图中（用量角器）直接量取。

(5) 图中建筑物面积的计算

当建筑物每条边的边长都计算出来以后，则可以利用几何图形法计算建筑物的面积。

1.4 总平面图的基本内容和读图要点

根据地形图上给出的图形位置和相关的数据在允许的范围内设计出新建房屋的外轮廓线的水平投影以及场地、道路、绿化等布置，同时反映周围相关原有建（构）筑物的尺寸资料的图形称为总平面图。

(1) 基本内容

总平面图表示拟建工程的总体布置，包括各建筑物的相对位置、高程、道路系统、管线、绿化、地形、地貌等状况。图纸上对原有建筑物、道路等注明尺寸数据；标有道路中心线及建筑物和场地的整平标高；为表示朝向还绘有风玫瑰图等。总平面图还表示了施工场地面积、范围、邻界现状及规划部门所划的用地界线（即建筑红线）等内容。因此总平面图是进行房屋定位、施工放线、填挖土方及进行施工安排的重要依据。

(2) 识读要点

总平面图的内容多数是用一些符号和图例表示的，因此首先要熟悉图例符号的含义（同地形图）。

阅读文字说明，了解工程性质、规模、平面坐标系统及高程系统、比例、各单体建筑的用途以及方向和相关位置等内容。

弄清尺寸是以坐标标注还是直接标注建筑物的长度和间距，弄清场地界线和建筑红线范围。

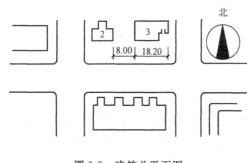

图 3-2 建筑总平面图

查清建筑物、构筑物等定位依据。检查计算设计建筑物与原有建筑物或测量控制点之间的平面尺寸和高差，作为测设建筑物总体位置的依据。用粗实线绘制新建建筑物在地形图上的准确位置，并计算出相关具体定位尺寸等内容。

如图 3-2 所示，按设计要求，拟建的 3 号楼与 2 号楼平行，南墙面在一条直线上，两楼相邻墙面间距 8m。

1.5 建筑平面图、立面图、剖面图的读图及施工放线相关数据计算

(1) 建筑平面图

建筑平面图，是假想用一略高于窗台的水平面，将建筑物剖切，移去上半部分，对下半部分作水平投影图，即为建筑平面图，简称为平面图，如图 3-3 所示。

1) 平面图是表示一个工程平面布置和尺寸规格的图纸，包括由轴线确定的各部位的长宽尺寸，建筑物的总尺寸，门窗洞口的定位尺寸，墙的厚度及墙垛等细部尺寸；另外还注明各楼层的标高。在首层平面还画有出入口的台阶、落水管的位置、散水的尺寸及花池的位置尺寸，室内地坪标高以及剖面图位置符号等内容。平面图是进行施工放线、安装门窗、预留孔洞和预埋件的重要依据。

2) 阅读要点：先查看图标、图名、比例及文字说明等内容。

查看底层平面图上的指北针，了解房屋的朝向。

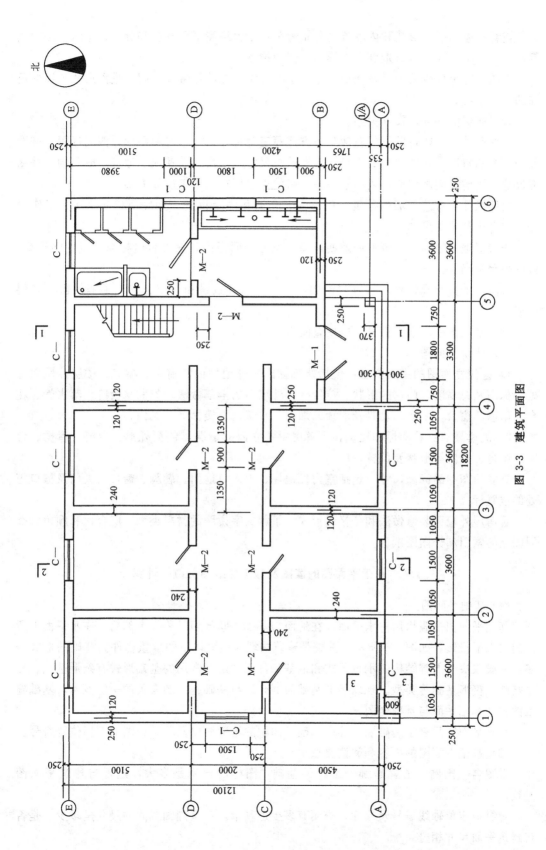

图 3-3 建筑平面图

查看房屋的平面形状和内隔墙的分布情况,了解房屋平面形状和分布、用途、房间数量及相互关系,如入口、走廊、楼梯和房间的位置。

看图中定位轴线的编号及间距尺寸。了解各墙、柱的位置及开间、进深尺寸,以便正确的施工放线。

看平面图的各部位尺寸关系。

外部尺寸:一般在图形的左侧和下方注写三道尺寸线,不对称图形,四周标写。查看外围门窗的宽度,各轴之间的距离、房屋的总尺寸以及台阶、花池、散水(或明沟)等细部尺寸。了解它们之间的位置相互关系,以便拟定可行的施工放线方案。

内部尺寸:查清各墙的厚度,门窗洞、孔洞和固定设备(如厕所、冲凉房、工作台等)的大小和位置尺寸。

查看楼地面标高、了解室内地面标高、室外地面标高、室外台阶标高、卫生间标高、楼梯平台标高等。

看门窗的分布及编号,了解门窗的尺寸、类型及数量和开启方向,了解门窗的材料组成。

查看平面图中的索引符号,以便查阅有关的详图。

(2)建筑立面图

1)建筑立面图的主要内容:包括建筑物的室外地坪面、窗台、檐口、楼层、屋面等处的标高及总高度。门窗的形状、位置。各外墙面的全部做法,如散水台阶、落水管、花台、雨篷、窗台、阳台、勒脚及屋顶的烟囱、水箱、外楼梯等可见内容。

2)阅读要点:看图标和比例,了解房屋各立面的情况,包括外形、门窗、屋檐、台阶、阳台、烟囱等形状及位置。

看立面图中的标高尺寸,包括室内外地坪、出入口地面、勒脚、窗口、大门及檐口等处的位置标高。

看房屋外墙面装修做法和分格线形式,了解文字说明的材料类型、配合比和颜色。查明图上的索引和详图图纸。

1.6 基础平面图的读图及施工放线相关数据计算

(1)基础平面图

基础平面图是假想用一水平面,在地面与基础之间剖切,移去上部后,在水平面上所绘制的水平投影,如图3-4所示。基础是建筑物埋入地面以下的承重构件。基础的形式很多,一般取决于上部结构的承重形式和地基条件而确定。常用的基础形式有条形基础、独立基础、筏形基础等类型。现以条形基础为例介绍与基础施工图有关的一些概念。基础施工图包括基础平面与基础详图。

基础平面图只表示基础墙、柱、基础底面积的轮廓线以及基础详图的剖切位置符号。

(2)基础平面图的内容和阅读要点

看图名、比例,了解是哪个工程的基础,图样的比例是多大,是否与建筑平面图一致。

看纵横定位轴线编号及尺寸,查明有多少道基础,各基础轴线间的尺寸是多少,是否与建筑平面尺寸相符。

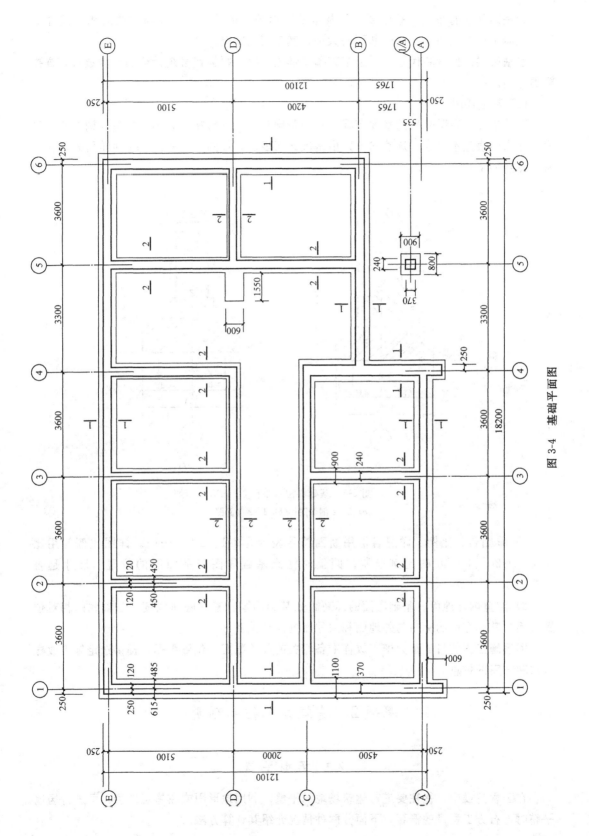

图 3-4 基础平面图

看基础平面的布置，基础墙、柱及基础底面积的形状、大小及与轴线的相互尺寸关系。从而了解基础墙厚、柱子断面的大小、基础底面宽度尺寸。

看基础梁的位置和代号，了解基础哪些部位有梁，根据代号统计梁的种类数量，查找梁的详图。

(3) 基础详图

基础平面只表明基础的平面布置，对于基础各部分的形状、大小、材料、构造基础的埋深等内容表达不出来，这些内容则由基础详图表示，如图 3-5 所示。基础详图的内容和阅读要点如下：

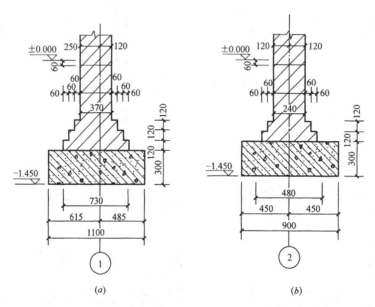

图 3-5　基础详图（单位：mm）
(a) 1—1 剖面图；(b) 2—2 剖面图

1) 看图名、比例。详图名常用断面符号表示为 1-1、2-2、……。详图比例常用比例为 1∶20，1∶40 的比例绘制。阅读时注意基础详图与平面图的位置、尺寸是否一致。

2) 看室内外地面、基础底面的标高。如基础墙厚、基础底面宽度、与轴线的相对位置关系。基础底面的标高与外地面和内地面的高差关系。

阅读施工图的目的是为施工放样准备相关的尺寸数据、位置数据，提供选定施工放样方法和方案的信息。

课题 2　建筑施工控制测量

2.1　场地平整

在工程建设中，往往要进行建筑场地的平整。利用地形图或在施工现场，可进行场地平整时土石方工程量的概算。下面分两种情况介绍其计算方法。

2.1.1 利用地形图进行挖填土方量的计算

如果建筑场地有大比例尺地形图,为了平整场地,可依据地形图上的等高线来确定场地平整后的高程(即设计高程),并计算场地范围内的挖、填土方量。

如图 3-6 所示,欲将图上范围平整为一水平场地,并要求填、挖土石方量基本平衡,其计算步骤如下:

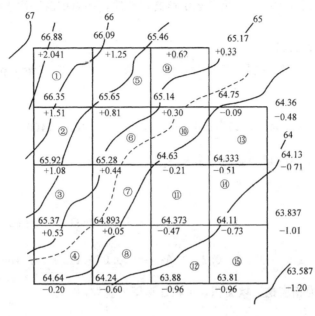

图 3-6

(1) 绘制方格网

在地形图上拟建场地内绘制方格网。方格的边长取决于地形图的比例尺、地形复杂的程度和土石方计算的精度,一般为 10m 或 20m(本例方格边长为 20m)。

(2) 计算设计高程

1) 用内插法或目估法求出各方格顶点的地面高程,注记于相应方格顶点的右上角。

2) 计算每一方格四顶点地面高程的平均值(H_i,i 为方格编号)。

3) 将所有方格的平均高程相加,再除以方格总数 n,即得

设计高程 $$H_0 = \frac{\sum_{i=1}^{n} H_i}{n} = \frac{H_1 + H_2 + \cdots + H_n}{n} \tag{3-1}$$

本例中 $H_1 = (66.88 + 66.09 + 66.35 + 65.65) \div 4 = 66.24$

$H_5 = (66.09 + 65.46 + 65.14 + 65.65) \div 4 = 65.59$

$\cdots\cdots\cdots\cdots$

其他方格计算方法相同。

$$n = 15$$

则 $$H_0 = \frac{H_1 + H_2 + \cdots + H_n}{n} = 64.84$$

(3) 绘出填、挖边界线

根据设计高程，在图上用内插法绘出高程为 64.84m 的等高线（图中虚线），该等高线即为填、挖边界线，通常称为零位线。

(4) 计算各方格顶点的填、挖高度

$$填、挖高度 = 地面高程 - 设计高程 \quad (3-2)$$

填、挖高度为正表示挖深，为负表示填高。然后，将填挖高度注于相应方格顶点的右下方。

(5) 计算填、挖方量

先分别计算每一方格的填、挖方量，然后计算总的填、挖方量。现用方格 1、6、11 分别说明计算方法。方格 1 全为挖方，则

$$V_{1挖} = \frac{1}{4}(2.04 + 1.25 + 1.51 + 0.81) A_{1挖} = 1.4025 \times 400 = 561.0 \text{m}^3$$

式中，$A_{1挖}$ 为方格 1 的面积，本例为 400m²。

方格 6 既有填方，又有挖方，则

$$V_{6挖} = \frac{1}{4}(0.81 + 0.30 + 0.44 + 0) \times A_{6挖} = 0.31 \times 290 = 89.9 \text{m}^3$$

$$V_{6填} = \frac{1}{3}(0 + 0 - 0.21) \times A_{6填} = -0.07 \times 110 = -7.7 \text{m}^3$$

式中，$A_{6挖}$、$A_{6填}$ 为相应挖、填面积，可在地形图上量取。

方格 11 为全填方，则

$$V_{11填} = \frac{1}{4}(-0.21 - 0.51 - 0.47 - 0.73) \times A_{11填} = -0.48 \times 400 = -192.0 \text{m}^3$$

式中，$A_{11填}$ 为方格 11 的面积。

同法计算出其他方格的填、挖方量，然后按填、挖方量分别求和，即为总的填、挖土石方量。

2.1.2 要求整理成一定坡度的倾斜面

如图 3-7 所示，$ABCD$ 为 100m×100m 的正方形场地，今按设计要求，欲将其平整为沿 AB 线向南坡度为 -5% 的倾斜面。其计算步骤如下：

(1) 绘制方格网

在图上绘出方格网（本例方格边长为 20m）。求出各方格顶点的地面高程，并注记于相应方格顶点的右上方。

(2) 确定倾斜面最低点的设计高程

如图 3-7 所示，按设计要求，图中 AD 坡度为 -5%，则 A、D 两点的设计高差为：

$$h_{AD} = 100 \times \frac{-5}{100} = -5 \text{m}$$

由图可知 A 点的高程为 64.8m，那么 D 点的设计高程 H_D 为：

$$H_D = H_A + h_{AD} = 64.8 - 5 = 59.8 \text{m}$$

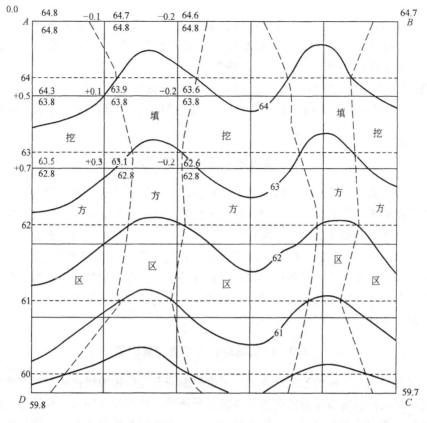

图 3-7

同样可求得

$$H_C = H_B + h_{BC} = 64.7 - 5 = 59.7 \text{m}$$

(3) 确定填、挖边界线

设图 3-7 的比例尺为 1:1000，首先计算当等高距为 1m 时，相邻等高线之间的平距 d，则

$$d = \frac{h}{i \cdot M} = \frac{1}{0.05 \times 1000} = 2 \text{cm}$$

然后在图上作平行于 AB、平距为 2cm 的平行线，此平行线即为设计坡度为 -5% 的倾斜面的等高线（图中虚线）。设计等高线与高程相同的原地面等高线的交点，即为不填不挖的点。连接这些点的曲线（图中短虚线）即为填、挖边界线。

(4) 计算填、挖高度

用内插法根据设计等高线求出每一格网顶点的设计高程，并注记于各顶点的右下方。然后计算各顶点的填、挖高度，并注记在各顶点的左上方。

(5) 计算填、挖方量

根据方格顶点的填、挖高度，按整理成水平场地的方法分别计算各方格的填、挖方量及整个场地的总填、挖方量。

2.1.3 现场测量进行场地平整

若没有地形图，则可在现场进行测量，绘制草图，计算设计标高、填挖方量。方法如下：

1）用经纬仪和皮尺（或经纬仪视距测量）在施工现场设置方格网（20m×20m或50m×50m方格网），然后根据已知水准点的高程（若场地附近没有水准点，可假定某方格网交点为水准点），测量各方格网交点的高程。

2）根据方格网交点的高程按加权平均法计算设计高程。

3）按照上述方法计算各方格顶点的填、挖高度；绘出填、挖边界线；计算填、挖方量。

2.2 建筑施工控制测量基本知识

各种工程在施工阶段所进行的测量工作称为施工测量。测量工作必须遵循"从整体到局部，先控制后碎部"的原则。在建筑场地上先建立统一的平面控制网和高程控制网，作为建筑物定位放线及轴线测设和标高传递的依据。因此，合理的控制点布置和测设方法的选择，对于整个施工阶段的放线工作起着重要的作用。建筑施工控制测量的主要内容有：控制点的选择、控制网的布设和控制网的测设及校核等工作，建筑施工控制测量必须满足相关规范的要求和具体建筑物的要求。做到控制点布设合理，测量方法简单可行、有足够的精度和校核条件。

2.3 建筑场地施工平面控制测量

建筑场地平面控制网的形式和布设：平面控制网是建筑物轴线位置和垂直度控制的依据。因此，平面控制的布设形式应根据建筑总平面图、建筑场地的大小和地形、施工方案和建筑物的结构形式及平面布置等因素来确定。对于地形起伏较大的区域或丘陵地区，常用三角网或测边网；对于地形平坦而通视比较困难的地区或建筑物布置不很规则时，可采用导线网；对于地势平坦、建筑物众多且布置比较规则和密集的工业场地，一般采用建筑方格网；对于地面平坦的小型施工场地，常布置一条或几条建筑基线组成简单的图形。总之，施工控制网的布网形式应与设计总平面图的布局相一致。建筑平面控制的形式有建筑基线、建筑方格网、原有导线网点等。

2.3.1 建筑基线

建筑基线是建筑场地的施工控制基准线。即在场地中央测设一条或几条互相垂直的轴线，作为建筑物定位的依据。

（1）建筑基线的布设

建筑基线是根据设计建筑物的分布、场地的地形和原有控制点的情况而定的。

根据建筑设计总平面图的施工坐标系及建筑物的分布情况，建筑基线可以在总平面图上设计三点"一"字形、三点"L"字形、四点"T"字形及五点"十"字形等形式，如图3-8所示。建筑基线的形式可以灵活多样，适合于各种地形条件。

设计建筑基线时应该注意以下几点：①建筑基线应平行或垂直于主要建筑物的轴线；②建筑基线主点间应相互通视，边长为100～400m；③主点在不受挖土损坏的情况下，应尽量靠近主要建筑物，且平行主体建筑的主轴线；④建筑基线的测设精度应满足施工放样的要求；⑤基线点应不少于三个，以便检测建筑基线点有无变动。

（2）建筑基线的测设

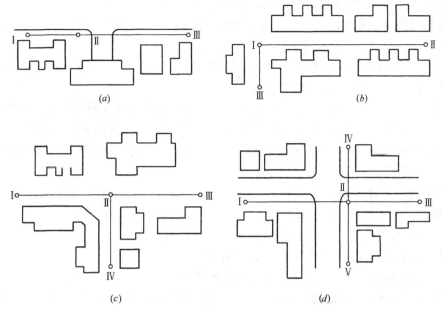

图 3-8 建筑基线布置形式

(a) 三点"一"字形；(b) 三点"L"字形；(c) 四点"T"字形；(d) 五点"十"字形

1) 根据建筑红线测设建筑基线

在城市建筑区，由城市规划部门在现场直接标定建筑用地的边界线，称为"建筑红线"。图 3-9 (a) 的 1、2、3 点就是在地面上标定出来的边界点，一般情况下，建筑基线与建筑红线平行或垂直，故可根据建筑红线用平行推移法测设建筑基线 OA、OB。安置仪器于 2 点，后视 3 点，在视线方向上量取 d_1 定出 A' 点。再后视 1 点，在视线方向上量取 d_2 定出 B' 点。然后安置仪器于 A' 点后视 3 点，逆时针转动 90°，在视线方向上量取 d_2 和 $A'A$ 的距离，定出 O 点和 A 点；再安置仪器于 B' 点，用相同的方法定出 O 点和 B 点。当把 A、O、B 三点在地面上用木桩标定后，安置经纬仪于 O 点，观测 $\angle AOB$ 是否等于 $\angle 123$，其不符值不应超过 $\pm 24''$。量 OA、OB 距离是否等于设计长度，其不符值不应大于 1/10000。若误差超限，应检查推平行线时的测设数据。若误差在许可范围之内，则适当调整 A、B 点的位置。如果建筑物轴线与基线距离较近时，则可利用建筑红线作建筑基线使用。

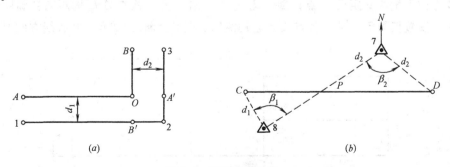

图 3-9 测设建筑基线

(a) 用红线测设建筑基线；(b) 用控制点测设建筑基线

2）根据附近已有的导线网点测设建筑基线

根据导线网点的分布情况，可采用直角坐标法或极坐标法测设，如图 3-9（b）所示。用极坐标法测设，测设步骤如下：

① 计算测设数据。根据建筑基线主点 C、D 及导线网点 7、8 的坐标，反算测设所需数据，并计算出边长 d_1、d_2 及水平角 β_1、β_2。

② 测设主点。分别在控制点 7、8 上安置经纬仪，按极坐标法测设出 C、D 两个主点的定位点，并用木桩标定，把经纬仪安置于 C 点，后视 D 点，前视 8 点，复核 $DC8$ 夹角与计算角是否符合。由于在观测和定点过程中有可能出现误差，所以测设完毕后需要进行检测和调整，这是测设不可缺少的工作。

③ 检查 C、P 及 P、D 间的距离，若检查结果与设计长度之差的相对误差大于 1/10000，按设计长度调整 C、D 两点，最后确定 C、D 两点的精确位置。

3）根据已有直线延长测设建筑基线

根据已有直线延长测设建筑基线有以下两种方法：

第一，已知地面两点用延长直线法测设建筑基线。

如图 3-10 所示，已知地面两点 1、2，测设建筑基线点 A、B，1、2 和 A、B 在同一条直线上。安置仪器于 2 点，盘左照准 1 点，纵转望远镜，在视线方向上量取 d_1 定出 A' 点。量取 d_1+d_2 定出 B' 点。同理盘右照准 1 点，纵转望远镜，在视线方向上量取 d_1 定出 A'' 点。量取 d_1+d_2 定出 B'' 点。如果 $A'A''$、$B'B''$ 的误差在规范允许的范围内，取 $A'A''$ 的中间点为 A 点、$B'B''$ 的中间点为 B 点。

图 3-10 已知地面两点延长直线

第二，平移两点测设建筑基线。

如图 3-11 已知房屋两点 1、2，测设建筑基线点 A、B。1、2 和 A、B 在同一条直线上。延长房屋角 1 的西墙面 d 距离（约为 0.5～2.0m）至 $1'$，延长房屋角 2 的东墙面 d 距离至 $2'$。安置仪器于 $2'$ 点，照准 $1'$ 点，用延长直线法定出 C 点，望远镜重新照准 C 点，在视线方向上量取 d 定出 A' 点；量取 d_1+d_2 定出 B' 点。检查 $A'B'$ 的距离精确度。符合要求后，安置仪器于 A' 点，照准 $1'$ 点，用测回法顺时针测设 90°角，在视线方向上量取 d

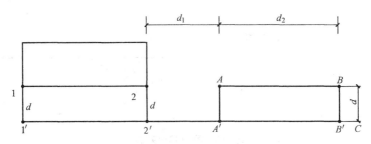

图 3-11 已知房屋两点延长直线

定出 A 点。同理安置仪器于 B'，照准 $1'$ 点，用测回法顺时针测设 $90°$ 角，在视线方向上量取 d 定出 B 点。检查 AB 的距离精确度。如果 AB 的误差在规范允许的范围内，完成平移两点测设建筑基线工作。如果 AB 的误差超过规范允许的范围，需要修正，直至符合要求。

2.3.2 建筑方格网

对于地形较平坦的大、中型建筑场区，主要建筑物、道路及管线常按互相平行或垂直关系进行布置。为使建筑施工现场的主要建筑物、道路及管线与总平面图设计整体保持一致性；简化计算及方便施测，施工平面控制网多由正方形或矩形格网组成，称为建筑方格网。利用建筑方格网进行建筑物定位放线时，可按直角坐标法进行。这样不仅容易推求测设数据，且具有较高的测设精度。方格网交角的限差在 $90°±5″$ 以内，边长相对精度一般为 $1/30000 \sim 1/10000$。

(1) 建筑方格网设计

建筑方格网通常是在图纸设计阶段，由设计人员设计在总平面图上。有时也可根据总平面图中建筑物的分布情况、施工组织设计并结合场地地形，由施工测量人员设计。设计时，首先选定方格网的纵、横主轴线，它是方格网扩展的基础。因此，应遵循以下原则：主轴线应尽量选在整个场地的中部，方向与主要建筑物的基本轴线平行；纵横主轴线要严格正交成 $90°$；主轴线的长度以能控制整个建筑场地为宜；主轴线的定位点称为主点，一条主轴线不能少于三个主点，其中一个必定是纵、横主轴线的交点 O；主点间距离不宜过小，一般为 $300 \sim 500m$ 以保证主轴线的定向精度，主点应选在通视良好，便于施测的位置。图 3-12 (a) 中 MON 和 COD 即为按上述原则布置的建筑方格网主轴线。

主轴线拟定以后，可进行方格网线的布置。方格网线要与相应的主轴线成正交，网线

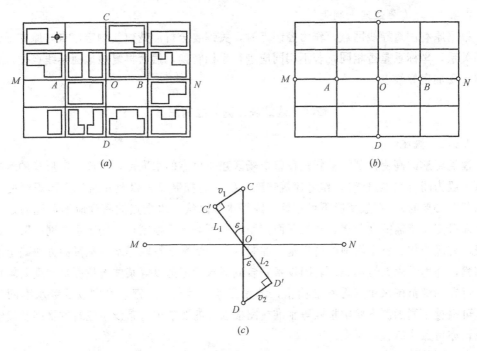

图 3-12 测设方格网

交点应能通视；网格的大小视建筑物平面尺寸和分布而定，正方形格网边长多取100～200m，矩形格网边长尽可能取50m或其倍数。

(2) 建筑方格网的测设

1) 主轴线放样

如图3-12 (b) 所示，MN、CD为建筑方格网的主轴线，它是建筑方格网扩展的基础。先测设主轴线MON，其方法与建筑基线测设方法相同，但∠MON与180°之差，应在±10″之内。MON三个主点测设好后，如图3-12 (c) 所示，将经纬仪安置在O点，瞄准M点，分别向左、向右转90°，测设另一主轴线COD，同样用混凝土桩在地上定出其概略位置C'和D'。然后精确测出∠MOC'和∠MOD'，分别算出它们与90°之差ε，并计算出调整值v_1和v_2，公式为：

$$v = L\frac{\varepsilon}{\rho} \qquad (3-3)$$

式中 L——OC'或OD'的长度。

将C'沿垂直于OC'方向移动v_1距离得C点；将D'沿垂直于OD'方向移动v_2距离得D点。点位改正后，应检查两主轴线的交角及主点间距离，均应在规定限差之内。

2) 方格网点的测设

主轴线测设好后，分别在主轴线端点安置经纬仪，均以O点为起始方向，分别向左、向右精密地测设出90°，这样就形成"田"字形方格网点。为了进行校核，还要在方格网点上安置经纬仪，测量其角是否为90°，并测量各相邻点间的距离，看其是否与设计边长相等，误差均应在允许范围之内。此后再以基本方格网点为基础，加密方格网中其余各点。

2.3.3 原有导线网点测设

根据原有测量导线网点，作为控制点时，关键要分析清楚建筑物定位点与原有导线网点的关系，坐标系是否相同，若不相同应进行坐标转换，然后再复核地面导线点位，并可根据需要加密导线点。

2.4 建筑施工高程控制测量

2.4.1 概述

建筑场地的高程控制测量就是在整个场区建立可靠的水准点，组成一定形式的水准路线（一般为闭合水准路线），作为建筑物施工的标高控制点，以及建筑物变形观测的基准点（若有必要时），一般情况下可布置为四等水准路线，水准点的密度应尽可能满足一次仪器即可测设所需的高程点，建筑平面控制点亦可兼高程控制点。场区水准网一般布设成两级，首级网作为整个场地的高程基本控制，一般情况下按四等水准测量的方法确定水准点高程，并埋设永久性标志。若因设备安装或下水管道铺设等某些部位测量精度要求较高时，可在局部范围采用三等水准测量，设置三等水准点。加密水准网以首级水准网为基础，可根据不同的测设要求按四等水准或图根水准的要求进行布设。建筑方格网及建筑基线点，亦可兼作高程控制点。

在施测等级水准测量时，应严格按国家规范进行，具体技术要求参见相关规定。

2.4.2 四等水准测量

(1) 四等水准测量技术要求

三、四等水准测量除用于国家高程控制网的加密外，还可用于建立小地区首级高程控制。三、四等水准路线的布设，在加密国家控制点时，多布设为附合水准路线、结点网的形式；在独立测区作为首级高程控制时，应布设成闭合水准路线的形式；而在山区、带状工程测区，可布设为水准支线。三、四等水准测量的主要技术要求详见表3-1和表3-2。

三、四等水准测量的主要技术要求　　　　　　　　　　　　　　　表3-1

等级	水准仪型号	视线长度(m)	前后视距差(m)	前后视距累积差(m)	视线离地面最低高度(m)	基本分划、辅助分划(黑红面)读数差(mm)	基本分划、辅助分划(黑红面)高差之差(mm)
三	DS1	100	3	6	0.3	1.0	1.5
三	DS3	75	3	6	0.3	2.0	3.0
四	DS3	80	5	10	0.2	3.0	5.0
图根	DS3	80					

注：当进行三、四等水准观测，采用单面尺变更仪器高度时，所测高差，应与黑红面所测高差之差的要求相同。

三、四等水准测量的主要技术要求　　　　　　　　　　　　　　　表3-2

| 等级 | 水准仪型号 | 水准尺 | 线路长度(km) | 观测次数 | | 每千米高差误差(mm) | 往返较差、附合或环线闭合差 | |
				与已知点联测	附合或环线		平地(mm)	山地(mm)
三	DS1	铟瓦	≤50	往返各一次	往一次	6	±12$\sqrt{L}$	±4$\sqrt{n}$
三	DS3	双面	≤50	往返各一次	往返各一次	6	±12$\sqrt{L}$	±4$\sqrt{n}$
四	DS3	双面	≤16	往返各一次	往一次	10	±20$\sqrt{L}$	±6$\sqrt{n}$
图根	DS3	单面	≤5	往返各一次	往一次	20	±40$\sqrt{L}$	±12$\sqrt{n}$

注：1. 结点之间或结点与高级点之间，其路线的长度，不应大于表中规定的0.7倍；
2. L为往返测段、附合或环绕的水准路线长度（单位为"km"），n为测站数。

(2) 四等水准测量的观测和记录方法有双面尺法和单面尺法，现以双面尺法为例

双面尺法。采用的水准尺为双面尺，在测站上应按以下顺序观测和读数，读数应填入记录表的相应位置（表3-3）。

① 后视黑面，读取上、下、中丝读数，记入（1）、（2）、（3）中；

② 前视黑面，读取上、下、中丝读数，记入（4）、（5）、（6）中；

③ 前视红面，读取中丝读数，记入（7）；

④ 后视红面，读取中丝读数，记入（8）。

以上（1），（2）……（8）表示观测与记录的顺序。上述这样的观测顺序简称为"后—前—前—后"，其优点是可以减小仪器下沉误差对测量结果的影响。四等水准测量测站顺序也可为"后—后—前—前"的顺序观测。其优点是可以减小仪器操作误差对测量结果的影响。也便于跑尺，特别是用单尺测量。

(3) 测站计算与检核

双面尺法计算与检核。

1) 在每一测站，应进行以下计算与检核工作：

① 视距计算：

三、四等水准测量记录

表3-3

测站编号	点号	后尺 上丝 / 下丝 / 后视距 / 视距差 d(m)	前尺 上丝 / 下丝 / 前视距 / $\sum d$(m)	方向及尺号	水准尺读数(m) 黑面	水准尺读数(m) 红面	K+黑－红	平均高差 (m)	备 注
		(1)	(4)	后视	(3)	(8)	(14)		
		(2)	(5)	前视	(6)	(7)	(13)		
		(9)	(10)	高差	(15)	(16)	(17)	(18)	
		(11)	(12)						
1	BM1 ~TP1	1.536 / 0.947 / 58.9 / +0.1	1.030 / 0.442 / 58.8 / +0.1	后视 K_1 / 前视 K_2 / 高差	1.242 / 0.736 / +0.506	6.030 / 5.422 / +0.608	－1 / +1 / －2	+0.5070	
2	TP1 ~TP2	1.954 / 1.373 / 58.1 / －0.1	1.276 / 0.694 / 58.2 / －0	后视 K_2 / 前视 K_1 / 高差	1.664 / 0.985 / +0.679	6.350 / 5.773 / +0.577	+1 / －1 / +2	+0.6780	K 为尺常数: $K_1=4.787$ $K_2=4.687$
3	TP1 ~TP3	1.146 / 0.903 / 24.3 / －0.1	1.744 / 1.500 / 24.4 / －0.1	后视 K_1 / 前视 K_2 / 高差	1.024 / 1.622 / －0.598	5.811 / 6.308 / －0.497	0 / +1 / －1	－0.5975	
4	TP3 ~A	1.479 / 0.864 / 61.5 / +0.6	0.982 / 0.373 / 60.9 / +0.5	后视 K_2 / 前视 K_1 / 高差	1.171 / 0.678 / +0.493	5.859 / 5.465 / +0.394	－1 / 0 / －1	+0.4935	
				后视 K_1 / 前视 K_2 / 高差					
每页校核		$\sum(9)=202.8$ $-)\sum(10)=202.3$ $=+0.5$ $=4$ 站(12) 总视距 $\sum(9)+\sum(10)=405.1$	$\sum[(3)+(8)]=29.151$ $-)\sum[(6)+(7)]=26.989$ $=+2.162$	$\sum[(15)+(16)]$ $=+2.162$	$\sum(18)=+1.081$ $2\sum(18)=+2.162$				

后视距离：(9)=[(1)－(2)]×100

前视距离：(10)=[(4)－(5)]×100

前、后视距离差：(11)=(9)－(10)。该值在三等水准测量时，不得超过3m；四等水准测量时，不得超过5m。

② 同一水准尺黑、红面中丝读数的检核。同一水准尺红、黑面中丝读数之差，应等于该尺红、黑面的常数 K（4.687或4.787），其差值为：

前视尺：(13)=(6)+K_1－(7)

后视尺：(14)=(3)+K_2-(8)

(13)、(14)的大小在三等水准测量时，不得超过2mm；四等水准测量时，不得超过3mm。

③ 高差计算及检核：

黑面所测高差：(15)=(3)-(6)

红面所测高差：(16)=(8)-(7)

黑、红面所测高差之差：

$$(17)=(15)-[(16)\pm0.100]-(14)-(13)$$

此值在三等水准测量中不得超过3mm，四等水准测量不得超过5mm。式中0.100为单、双号两根水准尺红面底部注记之差，以米为单位。

平均高差：$(18)=\frac{1}{2}\{(15)+[(16)\pm0.100]\}$

2）记录手簿每页应进行的计算与检核：

① 视距计算检核。后视距离总和减前视距离总和应等于末站视距累积差，即：

$$\sum(9)-\sum(10)=末站(12)$$

检核无误后，算出总视距为：

$$总视距=\sum(9)+\sum(10)$$

② 高差计算检核。红、黑面后视总和减红、黑面前视总和应等于红、黑面高差总和，还应等于平均高差总和的两倍。

对于测站数为偶数：

$$\sum[(3)+(8)]-\sum[(6)+(7)]=\sum[(15)+(16)]=2\sum(18)$$

对于测站数为奇数：

$$\sum[(3)+(8)]-\sum[(6)+(7)]=\sum[(15)+(16)]=2\sum(18)\pm0.100$$

用双面尺法进行三、四等水准测量的记录、计算与检核见表3-3。

3）水准路线成果的整理计算。外业成果经检核无误后，按水准测量成果计算的方法，进行高差闭合差的调整，计算出各水准点的高程。

课题3 建筑物施工过程测量工作

3.1 民用建筑物定位放线

建筑物定位放线，是根据控制测量所确定的控制点，测设建筑物主轴线、确定建筑物位置和大小、确定基础开挖边界线、测设建筑物内部各轴线，妥善保存主轴线交点的一个过程。

3.1.1 测设前准备工作

(1) 了解设计意图、熟悉和核对图纸

通过设计图纸，了解工程整体和设计者的主要设计意图，了解图纸整体尺寸，核对建筑总平面图与建筑施工图和结构施工图的尺寸是否相符、与大样详图尺寸是否一致，有关图纸的相关尺寸有无矛盾、标高是否一致、有无遗漏尺寸等。

（2）校核定位平面控制点

在使用前应检查校核点位是否正确，并应实地检测水准点的高程。通过校核，取得正确的测量起始数据和点位，同时，了解施工场地的地形情况和周围环境等。

（3）拟定测设方案，计算测设数据，绘制测设略图

在综合考虑设计要求、定位条件、现场地形和施工方案的基础上，研究拟定测设方案。测设方案必须保证定位精度，满足施工进度计划要求。同时，在保证工程精度要求的情况下，如何使测设数据计算简便，测设方法简单易行，以及具有必要的检核条件，并绘制测设略图，写出操作步骤和检校方法，选用测量仪器和工具。

3.1.2 建筑物定位放线方法

建筑物的定位是根据测设略图将建筑物主轴线交点测设到地面上，并以此作为基础测设和细部测设的依据。建筑物的放线是根据已定位的外墙轴线交点桩详细测设出建筑物的其他各轴线交点的位置，将各轴线保存在基槽开挖以外安全处，确定基槽开挖边界线。建筑物的定位和放线经常是同时进行，互相兼顾，以减少操作次数，节省操作时间。

建筑物的定位方法应按照设计条件和现场情况选择确定，既可以是根据原有地物定位，也可以根据控制点定位。

建筑物的放线是由于基槽开挖后，轴线交点桩将被挖掉，为了便于施工中恢复各轴线位置，应把各轴线延长到槽外安全地点，并做好标志，其方法有设置轴线控制桩和龙门板两种形式。

（1）设置轴线控制桩的方法

如图3-13所示，轴线控制桩设置在基槽外基础轴线的延长线上，作为开槽后各施工阶段确立轴线位置的依据，在多层楼房施工中，控制桩同样是向上投测轴线的依据。轴线控制桩离基槽外边线的距离根据施工场地的条件而定，一般2~4m。如果场地附近有已建的建筑物，也可将轴线投设在已建建筑物的墙上。为了保证控制桩的精度，施工中将控制桩与定位桩一起测设，有时先测设控制桩，再测设定位桩。

（2）设置龙门板的方法

在一般民用建筑中，为了施工方便，在基槽外一定距离钉设龙门板。如图3-13所示，

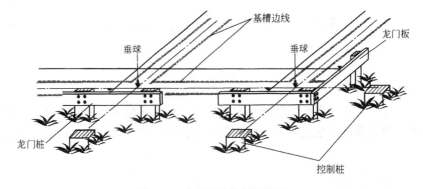

图3-13 龙门板和控制桩设置

钉设龙门板的步骤如下：

1）在建筑物四角和隔墙两端基槽开挖边线以外的1~1.5m处（根据土质情况和挖槽深度确定）钉设龙门桩，龙门桩要钉得竖直、牢固，木桩侧面与基槽平行。

2）根据建筑场地的水准点，在每个龙门桩上测设±0.000标高线，在现场条件不许可时，应在附近专门设置一个高程桩，作为施工的依据。

3）在龙门桩上测设同一高程线，钉设龙门板，这样，龙门板的顶面标高就在一个水平面上了。龙门板标高测定的容许误差一般为±5mm。

4）根据轴线桩，用经纬仪将墙、柱的轴线投到龙门板顶面上画出轴线标志，称为轴线投点，投点容许误差为±5mm。

5）用钢尺沿龙门板顶面检查轴线的间距，经检核合格后，以轴线为准，将墙宽、基槽宽画在龙门板上，最后根据基槽上口宽度拉线，用石灰撒出开挖边线。

3.1.3 根据原有建筑物定位放线

若原有地物为已建建筑物或构筑物，定位放线时应按如下顺序进行：

（1）分析原有地物和拟建建筑物的关系，确定测设的方法；

（2）计算定位测量所需数据，绘制测设详图；

（3）现场定位放线测量；

（4）检测定位点的精确度，进行误差分析；修正定位桩和控制桩。

【例3-1】 如图3-14所示拟建的2号楼与原有1号楼外墙面之间的间距为8.000m，南墙外墙面平齐，拟建建筑物外墙为240mm，轴线居中，建筑横轴线为20.000m，纵轴线为12.000m，试测设建筑物定位桩A、B、C、D和控制桩。

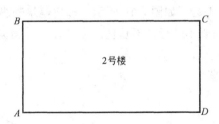

图3-14 新旧建筑物的平面位置

【解】

（1）2号楼与原有的1号楼平行，南面墙齐平，应使用直角坐标法进行定位。

（2）计算测设数据，1号楼与2号楼外墙面之间的间隔为8.000m，因2号楼外墙为240mm，轴线居中，因此，1号楼与AB轴线之间的间隔为8.120m、$AB=CD=12.000$m，$BC=AD=20.000$m。测设简图如图3-15所示。

（3）测设步骤：延长1号楼21墙外边线，沿此方向线测设水平距离L（一般为1~4m）标定5点，同理延长34墙外边线可得6点，安置经纬仪于5点上，照准6点，延长5、6点直线，在此直线上，以6点为起点测设水平距离8.120m得7点，测设水平距离28.120m得8点，然后安置经纬仪于7点，照准5点，顺时针测设90°得7B方向线，在此方向线上量$D_{7A}=L+0.120$m得A桩，量$D_{7B}=L+12.120$得B桩，同时延长7B方向线设置控制桩或龙门板B_1，倒镜设置控制桩或龙门板于A_1。安置经纬仪于8点，同理可

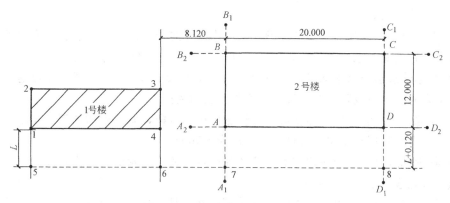

图 3-15 延长直线法的定位放线

得定位桩 C、D 和控制桩 D_1、C_1。

(4) 检核地面 A、B、C、D 桩位是否符合设计要求,误差值是否符合规范要求,检测方法一般是检测最弱角,再检测最弱边,本例最弱角为 B 角、C 角,最弱边为 BC,因此可实测 B 角、C 角,同时设置控制桩或龙门板 B_2 和 C_2。检测角度与 90°差值不应大于限差(一般民用建筑限差为±40″～±60″)再实测 BC 边,其值与设计值的相对误差应符合要求(一般为 1/5000～1/2000)。安置经纬仪于 A 点,设置控制桩或龙门板 A_2 和 D_2。全面复查定位桩和控制桩的位置,修正各桩位,使其符合精度要求。

本例由于是矩形,也可丈量 BD 与 AC 对角线,对角线相等说明角度满足要求,对角线实测值与理论值 $D_{BD}=\sqrt{D_{AB}^2+D_{BC}^2}$ 之相对误差应符合要求。

【例 3-2】 如图 3-16 所示,拟建建筑物纵横轴线长度分别为 8.00m、25.80m,其与 5 号构筑物既不平行又不垂直。由设计条件得知:$AP=10.00$m,$PE=25.00$m,$\angle APE=60°$,$\angle PEM=90°$。

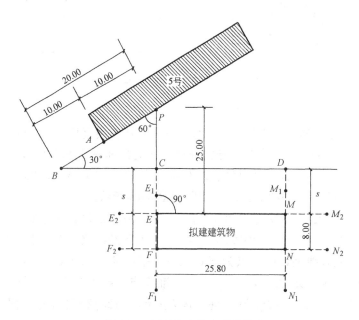

图 3-16 平行线法的定位放线

【解】

(1) 计算测设数据

已知 $PA=10.00$m 延长 PA 至 B，使 $AB=10.00$m 由直角三角形 PBC 得

$$BC = PB \cdot \cos30° = 17.321\text{m}$$
$$CP = PB\sin30° = 10.00\text{m}$$

则

$$S = CE = DM = 25.00 - 10.00 = 15.00\text{m}$$

(2) 绘制测设详图

将测设数据 $CP=17.321$m、$S=15.00$m、$\angle PEM=90°$ 标注于图 3-16 中的相应位置，便得测设详图；便于以 BD 为基线，用平行线法作 EM 直线。

(3) 测设步骤

1) 设置辅助点 B。在 5 号构筑物墙体方向定出 AP 两点，沿 PA 方向线延长水平距离 $AB=10.00$m，定出桩点 B。

2) 测设 BD 直线作基线。在 B 点安置经纬仪，以 P 点为后视点，经纬仪顺时针方向测设水平角 30°，得 BD 方向线，在 BD 方向线上测设水平距离 42.321m ($BD=17.321+25.00$)，定出桩点 D；$BC=17.321$m，定出桩点 C。

3) 用平行线法测设建筑物各角桩。

① 以 BD 为基线，在 C 点安置经纬仪，后视 B 点定向，逆时针测设 90°，沿视线方向丈量 $CF=23.00$m (15.00+8.000)，定出桩点 F，测设 $CE=15.00$m，定出桩点 E。同时在建筑物角桩点 E 和 F 的位置按要求钉设控制桩（或龙门板）E_1 点及 F_1 点。一般控制桩距角桩 3～5m 处设置，以不阻碍施工为度。

② 与 C 点的做法相同，在 D 点安置经纬仪，后视 B 点定向，逆时针测设 90°，沿视线方向测设 $DN=23.00$m，定出角桩点 N；$DM=15.00$m，定出角桩点 M。同一视线上定出控制桩（或龙门板）M_2 点和 E_2 点。

4) 检测

检测方法与例 3-1 基本相同，安置仪器于 N 点检测 $\angle FNM$ 是否符合 90° 角和 NF 的距离，同时可以测设出控制桩 F_2 和 N_2。全面检查、修正各控制桩和角点桩，使其符合精度要求。

【例 3-3】 图 3-17 中根据原建筑物 5 号楼测设新建筑物的角桩 E，新旧建筑物间距较近时小于 30m，也可以用距离交会法测设。

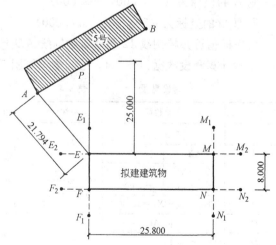

图 3-17 距离交会法的定位放线

【解】

(1) 计算测设数据

由余弦定理得

$$AE = (\overline{AP}^2 + \overline{PE}^2 - 2 \cdot \overline{AP} \cdot \overline{PE} \cdot \cos60°)^{\frac{1}{2}} = 21.794\text{m}$$

(2) 绘制测设详图

将测设数据标注于图中相应位置,便得出测设详图,如图 3-17 所示。

(3) 测设步骤

1) 测设角桩 E 和控制桩 E_1、F_1,使两把钢尺的零点分别对准 A 点和 P 点,在对准 A 点的钢尺上找出读数 21.794m,在对准 P 点的钢尺上找出读数 25.000m,将这两把钢尺同时拉直、拉平、拉稳,则这两个读数的对齐处即为 E 点的位置,并予以桩钉。以【例 3-2】同法钉设控制桩和龙门板 E_1、F_1。

2) 桩钉角桩 M、F、N,控制桩或龙门板 M_1、M_2、F_2、N_1、N_2、E_2 及检测与【例 3-2】类同,此处不再赘述。

距离交会法适用于测设距离不超过一整尺段的平坦场地。

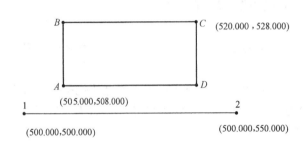

图 3-18 基线与拟建筑物的平面位置

3.1.4 根据控制点定位放线

若已知直线与定位轴线平行或垂直时,采用直角坐标法。若不垂直则应采用极坐标法。特殊情况采用角度交会法或距离交会法。测设过程与前述大致相同。

【例 3-4】 如图 3-18 所示,已知控制点 1(500.000,500.000)、2(500.000,550.000)、拟建建筑物 A(505.000,508.000)、C(520.000,528.000),试测设出拟建建筑物的轴线位置。

【解】

(1) 计算 B、D 坐标。

B 的 y 坐标与 A 的 y 坐标相同

B 的 x 坐标与 C 的 x 坐标相同

则 B 的坐标为 (520.000,508.000)

同理 D 的坐标为 (505.000,528.000)

由坐标值可知控制线 12 与建筑物轴线 AD 平行,可用直角坐标法。

(2) 计算测设数据如表 3-4,绘制测设简图 3-19。

测设数据 表 3-4

安置仪器点	测设数据		备注
1	1A 坐标差		
测设点	ΔX	ΔY	
A	$X_A - X_1$ =5.000m	$Y_A - Y_1$ =8.000m	AD 边距离为 20.000m
B	$D_{AB}=X_B-X_A=15.000$		
C	同 A		
D	同 B		

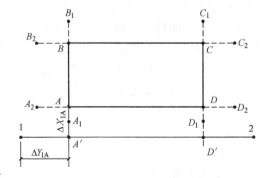

图 3-19 直角坐标法的定位放线

(3) 测设步骤

安置仪器于 1 点在 12 方向线上丈量 $D_{1A'}=8.000$m,得 A' 点,量 $D_{1D'}=28.000$m,得 D' 点,在 A' 点上安置仪器,照准 2 点逆时针转 90°得 $A'B$ 方向线,在此方向线上丈量

$D_{A'A}=5.000$m 得 A 桩。量 $D_{A'B}=20.000$m 得 B 桩，并钉设控制桩或龙门板 B_1、A_1。仪器安装在 D' 点，同理可得 D、C 桩，并钉设控制桩或龙门板 D_1、C_1。

(4) 检测 A、B、C、D 桩的精确度并钉设控制桩或龙门板 A_2、B_2、D_2、C_2。并全面检测中心桩 A、B、C、D 和控制桩或龙门板 A_1、A_2、B_1、B_2、C_1、C_2、D_1、D_2 使其符合精度要求。

【例 3-5】 条件与例 3-4 相同，若 2 点坐标为 (492.000, 550.000)，试测设拟建建筑物的轴线位置。

【解】

(1) 因 12 控制线与 AD 不平行，不能使用直角坐标法测设，应使用极坐标法。

(2) 计算测设数据，绘制测设简图，如图 3-20 所示。

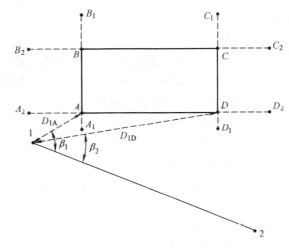

图 3-20 极坐标法的定位放线

$1A$ 直线的距离：$D_{1A}=\sqrt{(X_A-X_1)^2+(Y_A-Y_1)^2}=\sqrt{(505-500)^2+(508-500)^2}$
$=9.434$m

$1A$ 直线的象限角：$R_{1A}=\tan^{-1}\dfrac{Y_A-Y_1}{X_A-X_1}=\tan^{-1}\dfrac{508-500}{505-500}=57°59'41''$ (NE)

方位角：$\alpha_{1A}=R_{1A}$

12 直线的象限角：$R_{12}=\tan^{-1}\dfrac{Y_2-Y_1}{X_2-X_1}=\tan^{-1}\dfrac{550-500}{492-500}=-80°54'35''$ (SE)

方位角：$\alpha_{12}=R_{12}+180°=-80°54'35''+180°=99°05'25''$

$\angle A12$ 的水平夹角：$\beta_1=\alpha_{12}-\alpha_{1A}=99°05'25''-57°59'41''=41°05'44''$

$1D$ 直线的距离：$R_{1D}=\sqrt{(X_D-X_1)^2+(Y_D-Y_1)^2}=\sqrt{(505-500)^2+(528-500)^2}$
$=28.443$m

$1D$ 直线的象限角：$R_{1D}=\tan^{-1}\dfrac{Y_D-Y_1}{X_D-X_1}=\tan^{-1}\dfrac{528-500}{505-500}=79°52'31''$ (NE)

方位角：$\alpha_{1D}=R_{1D}=79°52'31''$

$\angle D12$ 的水平夹角：$\beta_2=\alpha_{12}-\alpha_{1D}=99°05'25''-79°52'31''=19°12'54''$

(3) 测设步骤如下：

安置经纬仪于 1 点，照准 2 点，逆时针转 $19°12'54''$ 得 $1D$ 方向线，在此方向线上量 $D_{1D}=28.443$m 得 D 桩，盘右重复一次后取中间点，同理，若逆时针旋转 $41°05'44''$ (12 为起始方向线) 得 $1A$ 方向线，在此方向线上量 $D_{1A}=9.434$m 得 A 桩。检测 AD 距离，其值与 20.000m 的相对误差应符合要求并钉设控制桩或龙门板 A_2、D_2，然后，分别在 A、D 安置经纬仪，用直角坐标法测设 B、C 桩并钉设控制桩或龙门板 A_1、B_1、C_1、D_1。

(4) 检测 A、B、C、D 桩的精确度并钉设控制桩或龙门板 B_2、C_2。全面检测各中心桩位和控制桩位，使其符合精度要求。

建筑物定位放线是其他轴线测设及基础施工的依据，定位放线测量时应及时做好测量记录。

其主要内容包括：

1) 建筑单位、施工单位和监理单位名称以及合同号。
2) 工程名称和编号，日期，测量、计算与校核人员亲笔签名。
3) 施测依据，有关的图件和相关数据。
4) 测设数据计算成果。
5) 测设详图。
6) 标明建筑物的朝向或相对标志。
7) 对于施测方法，作业步骤与注意事项等的文字说明。
8) 承包人自检说明。
9) 监理评定意见。
10) 有关职能部门复核会签。

3.2 基础施工测量

3.2.1 基槽施工放线

1. 基槽与基坑抄平

建筑物轴线放样完毕后，按照基础平面图上的设计尺寸，在地面放出灰线的位置上进行开挖。为了控制基槽开挖深度，当快挖到基底设计标高时，可用水准仪根据地面上 ± 0.000m 点在槽壁上测设一些水平小木桩，如图 3-21 所示，使木桩的表面离槽底的设计标高为一固定值（如 0.500m），用以控制挖槽深度。为了施工时使用方便，一般在槽壁各拐角处，深度变化处和基槽壁上每隔 3~4m 测设一水平桩，并沿桩顶面拉直线绳作为清理基底和打基础垫层时控制标高的依据。

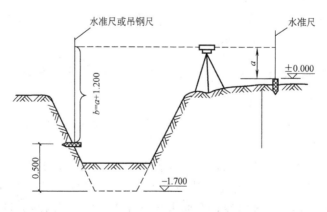

图 3-21 基槽底水平测设

为砌筑建筑物基础，所挖基槽呈深坑状的叫基坑。若基坑过深，用一般方法不能直接测定坑底标高时，可悬挂钢尺代替水准尺，将地面点的高程传递到基坑内（见单元 2

图 2-5)。

2. 垫层中线的测设

基础垫层打好后,根据龙门板上的轴线或轴线控制桩,用经纬仪或用拉线挂锤球的方法,把轴线投测到垫层上,如图 3-22 所示,并用墨线弹出墙中心线和基础边线,以便砌筑基础。由于整个墙身砌筑以此线为准,这是确定建筑物位置的关键环节,所以要严格校核后方可进行砌筑施工。

基础施工结束后,应检查基础面的标高是否符合设计要求(也可检查防潮层)。可用水准仪测出基础面上若干点的高程与设计高程进行比较,允许误差为 ±10mm。

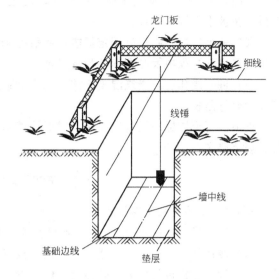

图 3-22 垫层中线测设

3.2.2 柱桩基础施工放线

桩基的定位测量及轴线桩的布设方法和深基础的定位方法基本相同,但桩基一般不设龙门板,而采用轴线控制桩。桩基的放线步骤如下:

(1) 认真熟悉图纸,详细校对各柱桩布置情况,每行柱与轴线的关系,是否偏中,柱桩距多少,柱桩数,承台标高,柱桩顶标高。

(2) 根据图纸上的柱桩轴线网中定出纵横方向的主轴线(如纵向⑦轴,横向ⓒ轴),用测设主轴线方法在地面测出主轴的位置,依据主轴线,再用测设方格网的方法,测设各轴线的轴线控制,而各柱桩点位则采用轴线控制桩纵横拉小线的方法,把轴线放到地面

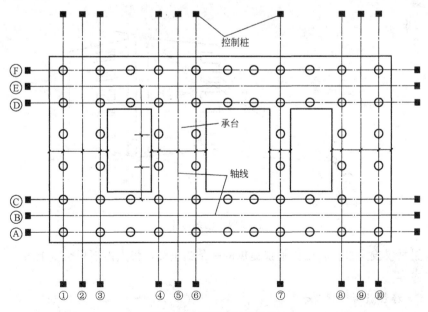

图 3-23 桩基础施工放线

上。如图 3-23 所示，从纵横轴线交点起，按柱桩位布置图，在各轴线方向逐个柱桩量尺定位，在桩中心钉上木桩。

（3）每个柱桩中心都钉固定标志，一般用 4cm×4cm 木方钉牢，或用浅颜色标志，以便钻机在成孔过程中及时准确地找准桩位。

（4）桩基成孔后，浇筑混凝土前在每个桩附近重新抄测标高桩，以便正确掌握桩顶标高和钢筋外露长度。

桩顶混凝土桩标高误差应在承台梁保护层厚度或承台梁垫层厚度范围内。桩距误差应符合规范要求。

3.3 主体施工测量放线

3.3.1 多层建筑高程传递

用钢尺丈量时，一般把±0.000 点设在外墙角或楼梯间，用钢尺自±0.000 起向上直接丈量至楼板外侧，把标高传递上去，然后根据从下面传上来的标高，作为该楼层抄平的依据。一般高层建筑至少由三处传递，以便校核。

3.3.2 轴线传递

轴线传递是将下层的控制轴线用一定的方法垂直引测到上层来，以此控制该层的平面位置和楼层的垂直度。

从底层向上传递轴线有以下几种方法：

（1）依靠下层墙体传递，即认真检查下层墙身的垂直度后，在建筑物主轴线的两端分别弹出垂直线（或柱中心线），在上层楼层吊挂线坠，使线坠线重合下层主轴线垂线，画出该轴线的正确位置，并传递到上层的主轴线点连接，成为该层面各轴线的依据。

（2）用经纬仪投测，如图 3-24 所示。将经纬仪安置在轴线控制桩上，瞄准设在基础墙底部的轴线标志，用盘左、盘右取平均的方法，将轴线投测到上一层楼板边缘或柱顶上。

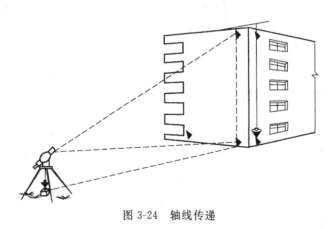

图 3-24 轴线传递

（3）铅垂仪投测法。利用铅垂仪提供的一条铅垂线，将点由下层引至上层，详见下一单元相关内容。

3.3.3 楼梯放样

不论是钢梯还是现浇整体楼梯，都应先按图放出样板，然后施工。楼梯踏步不准出现半步台阶，相邻两踏步高度差不超过10mm。

【例3-6】 图3-25是现浇楼梯平面图，试画出剖面样板。

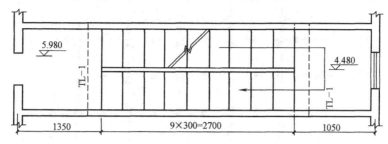

图3-25 楼梯平面图

【解】 作图步骤如下：

（1）当上一层楼梯平台板底模板及梯梁底、内侧模完成后，先作弹出楼梯板底线，安装楼梯底板模板和楼梯侧模板。

（2）根据标高、图示位置及楼梯梯级确定直线 AC 和 BD（图3-26中 AC、BD 为150mm高），连接 AB 和 CD 两条平行线，将 AB 和 CD 分别等分为9份，依次连接各等分点。

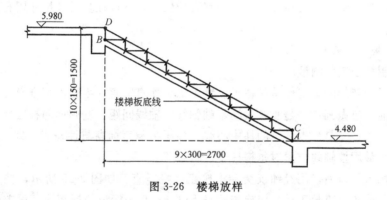

图3-26 楼梯放样

楼梯栏杆的放样方法与楼梯踏步的放样方法道理相同。

3.4 工业建筑施工测量放线*

3.4.1 工业厂房柱列轴线测设

工业厂房测设精度要求较高，其柱列轴线的测设是在厂房控制网的基础上进行的。为此，须先设计厂房控制网角点及主轴线控制桩的坐标，根据建筑场地的控制网测设这些点位。如图3-27所示，厂房控制网 $EFGH$ 各角点桩定位后，即可根据设计图上各排柱子的跨度和各设备基础线的间距等，用钢尺沿厂房控制桩的连线方向丈量各排轴线的位置。图中的①、②、③、④、⑤与Ⓐ、Ⓑ、Ⓒ均为待测设之柱列轴线。

3.4.2 柱基的测设

柱基的测设，其测设方法与柱桩基础测设方法相同，同样应由图上确定。从横主轴线（纵向③轴，横向Ⓑ轴）用测设主轴方法测设（其精度要求要比柱桩测设的精度更高），目

---

* 本章节可选讲，或参考使用。

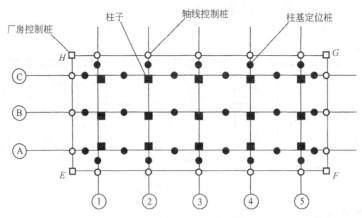

图 3-27 厂房控制网及柱列控制桩

的是减少其累积误差。也就是遵循"先整体，后局部"的测量原则。

在测设柱基时，由于柱列轴线不一定都是柱基础中心的连线，且柱基设计尺寸各异，放样时需特别留意。用方向线交会法确定轴线交点。在基坑边缘外侧约 1m 处桩钉 4 个柱基定位桩，作为修坑、立模和吊装杯型基础时的依据，并按柱基设计尺寸用石灰标示出基坑开挖边线。

3.4.3 构件安装测量

（1）预制柱子安装测量

预制柱子安装的测量工作是使柱子位置正确、柱身竖直、牛腿面符合设计标高。预制柱子在吊装前，应做到：一是复核检测基础轴线，轴线间距、基础面和杯底标高是否符合设计图纸的要求；二是检查柱子的柱中心线，柱子牛腿面标高与柱身±0.000 的距离是否与设计相符，最后按轴线位置对每根柱子进行编号。

当柱子吊入杯口后，用经纬仪交会法校正柱身竖直，如图 3-28 所示，柱子校正应避免日照影响。柱子竖直校正后，应检查柱身下部±0.000 标记的标高，其误差作为修平牛腿面或加垫块的依据。柱子安装测量各项限差见表 3-5。

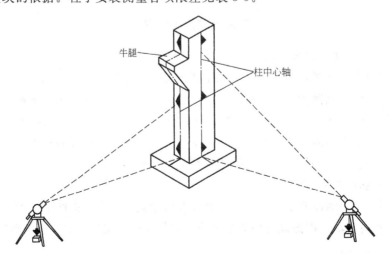

图 3-28 柱子安装测量

测量内容	测量限差(mm)	测量内容	测量限差(mm)
钢柱垫板标高	±2	预制钢筋混凝土±0.000标高检查	±3
钢柱±0.000标高检查	±2	柱子垂直度	±3

柱子安装测量限差　　　　表 3-5

注：柱高大于10m或一般民用建筑的混凝土柱、钢柱的垂直度可适当放宽。

(2) 吊车梁的安装测量

吊车梁安装测量的主要任务是把吊车梁按设计的平面位置和高程准确地安装在牛腿上，使梁的上下中心线与吊车轨道的设计中心线在同一竖直面内。

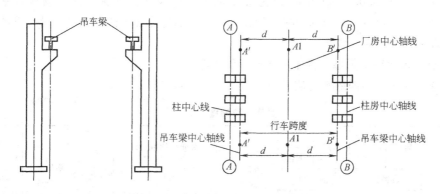

图 3-29　吊车梁安装测量

如图3-29所示，利用厂房中心线，按照设计轨距的尺寸如 d 值，在地面上测设出吊车轨道中心线 $A'-A'$ 和 $B'-B'$。分别在端点 A'、B' 安置经纬仪，以另一相应 A'、B' 点定向，把轨道中线（即吊车中心线）投测于每根柱子的牛腿面上，并弹出墨线。

吊装前，先弹出吊车梁顶面中心线和两端中心线，然后再把吊车梁安装在牛腿上，使吊车梁中心线与牛腿中心线对齐，允许误差±3mm。吊车梁安装完毕后，再用钢尺悬空丈量两根吊车梁或轨道中线间距是否符合行车跨度，其偏差不得超过±5mm。最后，用钢尺自柱身±0.000标高线沿柱子侧面向上测设梁面设计高程，在梁下垫铁板调整梁面高程，使其符合设计要求，误差应在±5mm以内。

实训课题

1. 认真阅读本书图3-2总平面及图3-3建筑平面图，计算测设3号楼轴线交点所需的数据，绘制测设图，并在实地进行实验。所需设备有三角尺1套，计算器1个，经纬仪1套，钢尺1把，木桩5～6支，铁钉5～6支，铁锤1把，记录板1块，伞1把。时间为两课时。完成附表十二。

2. 根据图3-25、图3-26楼梯放样图，在实验场地进行楼梯放样。所需设备有经纬仪1套，钢尺1把，木桩5～6支，铁钉5～6支，铁锤1把，记录板1块，伞1把。时间为两课时。完成附表十三。

3. 利用【例3-5】计算的数据，在实验场地进行建筑物定位。所需设备有经纬仪1套，钢尺1把，木桩5～6支，铁钉5～6支，铁锤1把，记录板1块，伞1把。时间为两课时。完成附表十四。

思考题与习题

1. 何谓建筑物的定位、放线？
2. 地形图的应用有哪些内容？
3. 在图3-1中求建筑物"混凝土2"主轴线交点的坐标，并计算建筑物的长和宽。
4. 已知：A（508.000，510.000）、B（528.000，510.000）、C（528.000，540.000）、D（508.000，540.000）为某建筑物主轴线交点坐标，建筑场地有基准点1（500.000，500.000）、2（480.000，600.000）。试确定测设方法并计算测设所需数据，绘制测设简图，简述测设步骤。
5. 简述场地平整及填、挖土方量计算的步骤。
6. 表3-6所列为四等水准测量记录，试完成计算工作。

四等水准测量观测记录　　　　　　　　　　表3-6

测站编号	点号	后尺 上丝 下丝 后视距 视距差 d(m)	前尺 上丝 下丝 前视距 累积差 $\sum d$(m)	方向及尺号	水准尺读数(m) 黑面	水准尺读数(m) 红面	K+黑—红	平均高差(m)	备注
		(1)	(4)	后视	(3)	(8)	(14)		
		(2)	(5)	前视	(6)	(7)	(13)		
		(9)	(10)	高差	(15)	(16)	(17)	(18)	
		(11)	(12)						
1	BM1~TP1	1.914	2.055	后视 K_1	1.726	6.513			K为尺常数： $K_1=4.787$ $K_2=4.687$
		1.537	1.678	前视 K_2	1.866	6.554			
				高差					
2	TP1~A	1.965	2.141	后视 K_1	1.832	6.519			
		1.700	1.874	前视 K_2	2.007	6.793			
				高差					

单元 4　高层建筑测量

知 识 点：高层建筑轴线投测及标高传递；高层建筑变形观测。
教学目标：会进行轴线投测及标高传递；会进行高层建筑垂直度控制和复核；会进行基本的建筑物倾斜观测和沉降观测。

课题 1　高层建筑轴线投测及标高传递

1.1　高层建筑轴线投测

高层建筑由于层数多、高度高、外形变化多，因此，垂直测量是重点。结构的竖向偏差对工程受力影响大，因此，施工中对竖向投点的精度要求也高。由于建筑结构复杂，设备和装饰标准较高，尤其是高速电梯的安装等，对施工测量精度的要求更高。因此，如何从低处向高处精确地传递轴线和高程是很重要的。有时也叫高层建筑的垂直测量控制。

1.1.1　高层建筑垂直度的要求

高层建筑的垂直度偏差应控制在一定范围内，鉴于建筑物高度、结构形式、施工方法、环境条件等因素，高层建筑总垂直度要求一般介于 $H/3000\sim H/1000$ 之间（H 为建筑物总高，以"m"为单位）；另外，对层间偏差和总垂直度偏差规定一个限值，以防止垂直度偏差在某个方向积累，如钢筋混凝土高层建筑结构设计与施工规定，层间偏差值不得超过±5mm，全楼的累积误差不得超过±20mm。一些超高层建筑要求总偏差不得大于±50mm。

1.1.2　轴线投测方法

轴线竖向传递的方法很多，常用的有吊线坠投测法、经纬仪投测法、光学垂准仪法、激光铅垂仪法、GPS 定位技术等。

（1）吊线坠投测法

利用靠近墙角的电梯升降道、通风道或在各层楼板适当的位置预留 200mm×200mm 的小洞，传递控制点。

首先设置控制点。根据建筑物平面布置确定控制点的位置，使控制点的连线能控制楼层平面尺寸，一般不少于 3 点，控制点在竖向传递不受影响的情况下，可设在轴线上，否则应离开轴线 500~800mm，精确测量控制点间的距离和角度。

用 15kg 左右重的线坠和直径 1mm 的细钢丝，把线坠挂在金属十字架上。投测时，一人在底层扶稳线坠，如线坠偏离控制点，则指挥上面的人移动金属架，至对准为止。十字架的中心点即地面轴线点的投测点，在洞口四周做标记，作为恢复中心线和放线的依据。

吊线坠投测法，受风力影响较大。当风力大时，可把线坠放进油桶内，并设挡风板，

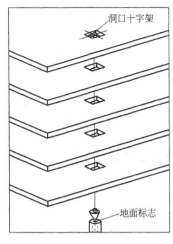

图 4-1 吊线坠投测法

以防止线坠摆动影响投点精度。

(2) 经纬仪投测法

高层建筑物在基础工程完工后立柱，用经纬仪将建筑物的主轴线从轴线控制桩上精确地引测到建筑物主要角柱两立面底部上，并设置标志，以供向上投测和下一步施工用，同时在轴线的延长线上设置轴线引桩，引桩与楼的距离不小于楼高。

如图 4-2 所示，向上投测轴线时，将经纬仪安置在引桩 A 上，严格对中整平，照准角柱立面底部上的轴线标志 C_1，然后用正倒镜法把轴线投测到所需的楼面上，正、倒镜误差 Δs 在允许偏差范围内，取其中点为投测的轴线点 C，同法在引桩 B 上安置经纬仪，投测 O_1 点得轴线投测点 O。在轴线对应的另一角柱上同法可测得 C'、O'，即得到楼面上相垂直的两条中心轴线，根据这两条轴线，用平行推移的方法确定出其他各轴线，并弹上墨线。放好该楼层的轴线后，还要进行轴线间距和交角的检核，合格后方可施工。

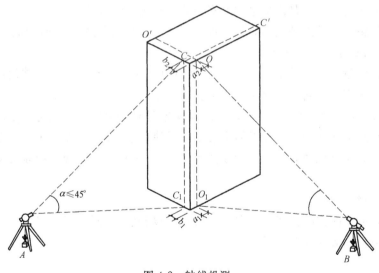

图 4-2 轴线投测

当楼高超过 10 层时，为避免投测时仰角过大而影响测设精度，须把轴线再延长，在距建筑物更远处或设置在附近大楼楼顶面上，重新建立引桩。其轴线传递的方法与上述方法相同；同时，通过轴线的投测应检查角柱子的垂直度，即轴线至柱边的距离上下的 $S_1 S_2$ 是否相同，其偏差值是否符合工程技术要求，并在测量允许误差范围内，否则需调校柱子的垂直度。

为了保证测量精度，应做到投测前严格检查仪器，特别是仪器的水准管轴与竖轴、横轴与竖轴要严格垂直。仪器尽量安置在轴线的延长线上，观测仰角不大于 45°。为避免日照、风力的影响，应选择在无风、阴天或早晨进行测设。

(3) 光学垂准仪投测法

光学垂准仪能自动设置铅垂线，主要由水平望远镜和五角棱镜组成（图4-3）。光学垂准仪利用仪器内的自动安平敏感元件，保证入射光线水平，入射光线经五角棱镜后，出射光线垂直于入射光线，提供了一条可以指向天顶，也可以指向地心的铅垂线，将控制点垂直投测标定到所需要的楼面上。光学垂准仪主要技术指标见表4-1。

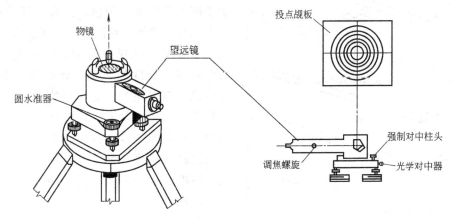

图4-3 光学垂准仪

光学垂准仪主要技术指标　　　　　　表4-1

仪器 型号		ZNL	ZL	NL	PD3
生产国 公司			瑞士 徕卡(Leica)		日本 索佳(SOKKIA)
望远镜	放大倍率	7×	24×	24×	20×
	最短视距	0.35m	0.9m	0.35m	上1.3m,下1.0m
	百米处视场	10m	3.2m	3.2m	2.5m
水准器	水准器格值	30″/2mm	4′/2mm	4′/2mm	20″/2mm
	自动安平范围		±10′	±10′	
	每次设置精度		±0.3″	±0.3″	
垂线设置的标准差		1:3万	1:20万	1:20万	1:4万

投测时，在首层控制点 C_0 上安置光学垂准仪（如图4-4），调焦后，观测者由目镜端指挥助手在所需引投的施工楼层面上标定 C 点，C 与 C_0 即位于同一条铅垂线上。

光学垂准仪受大气温度影响，当向很高的高度投影时，折光的影响会使仪器投测精度明显降低。所以，利用仪器最有效可靠测程（50～80m），有利于提高垂直测量控制的精度。由此，为提高工效，防止误差积累，顾及仪器性能条件及削弱施工环境（如风力、温度等）的影响，一般高层建筑的垂直测量采取分段控制、分段投点的施测方案。

（4）激光铅垂仪投测法

激光铅垂仪是一种专用的铅垂定位仪器，适用于高层建筑或高耸建筑物的铅直定位测量。仪器采用整体悬挂结构，令重心光束重合以实现自动铅直。激光铅垂仪可以从两个方向（向上或向下）发射激光束，作为铅垂基准线。

投测时，在首层控制点上安置激光铅垂仪，严格对中、整平后接通电源，启辉激光器发射光束，通过发射望远镜调焦，使激光束汇聚成红色耀目光斑，投射到上层施工楼面预

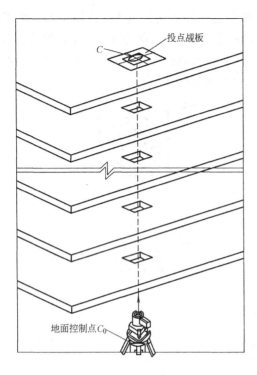

图 4-4 垂准仪投测法

留孔的接受靶上，移动接受靶，使靶心与红色光斑重合，靶心位置即为该层楼面上的一个控制点。

激光测控优点很多，如直观、光斑醒目，由于减少了瞄准、调焦、读数等环节的误差因素，减少置平、判读操作，所以投测准确、迅速且基本不受场地限制。但激光测量中，由于环境、温度的影响，导致激光束漂移；而在建筑施工现场，空气中的水、烟尘含量大且变化无常，激光束通过空气这种介质传播时，光斑即失稳、抖动、畸变，这对高层轴线投测的精度影响很大，故投测时应采取适当措施，以尽量减小这种影响。

（5）GPS 投测

GPS 技术作为一种全新的定位手段，在工程控制测量中已逐步得到使用，其技术的先进性、优越性已为众多工程技术人员所认同。GPS 定位技术的优点主要体现在不存在误差积累、精度高、速度快、全天候、无需通视、点位不受限制，并可同时提供平面和高程的三维位置信息，因此，在建筑物高度大、选型复杂时可考虑选用 GPS 技术进行平面和高程基准传递。作业时要包括选择 GPS 定位的技术依据，建立 GPS 定位基准，确立 GPS 定位基准点，GPS 数据处理，GPS 定位基准传递及定位结果分析等内容。

1.1.3 高程传递方法

（1）几何水准测量法

虽然高层建筑的整体高度很高，但它是分层进行施工的，每层的高度并不高，因此，可采用常规的几何水准测量法进行高程的逐层传递。

（2）钢尺垂直量距法

该方法与地面精密量距方法大致相同，不同的是钢尺的方向由水平改为垂直。将钢尺悬挂在施工层面上的固定架上，零点端在下，并挂一与钢尺检定时同一拉力的重锤，同时，在上、下部各设置一台水准仪和一把水准尺进行观测，对量测的钢尺距离要求进行尺长、温度和垂距改正。

（3）三角高程测量法

对于有全站仪设备的施工单位，可采用三角高程测量的方法实施高程基准传递工作。作业时，先在能够观测到施测层面的建筑物附近设一临时水准点，并引测水准高程。然后，进行往返对向观测以消除大气折射误差的影响，获取准确的高差。该方法又称为悬高测量法，即测定空中某点距地面的高度。

（4）全站仪测高法

该方法是利用全站仪的优越性，在底层设站，配置好全站仪的竖直角，使视准轴铅直，并在施测层面的预留孔上安置一反射棱镜，镜面朝下。然后进行距离测量，对使测得的垂直距离进行气象改正后，便可实现高程传递的目的。

课题2 建筑物变形观测

建筑物变形观测的内容，主要有沉降观测、水平位移观测、倾斜观测和裂缝观测等。

2.1 建筑物沉降观测

建筑物的沉降观测，是用水准测量方法定期测量其沉降观测点相对于基准点的高差随时间的变化量，即沉降量，以了解建筑物的下沉或上升情况。

(1) 基准点和沉降观测点的设置

建筑物的沉降观测，是根据基准点进行的，因此要求基准点的位置在整个变形观测期间稳定不变。为保证基准点高程的正确性和便于相互检核，布设基准点数目应不少于三个并构成基准网。埋设地点应保证有足够的稳定性，设置在受压、受振范围以外。冰冻地区埋设深度要低于冰冻线0.5m。为了观测方便及提高观测精度，基准点距观测点不要太远，一般应在100m范围以内。基准点在开工前埋设并精确测出高程。

沉降观测点是固定在拟观测建筑物上的测量标志，应牢固地与建筑物结合在一起，便于观测，并尽量保证在整个沉降观测期间不受损坏。观测点的数量和位置，应能全面反映建筑物的沉降情况，尽量布置在沉降变化可能显著的地方，如伸缩缝两侧、地质条件或基础深度改变处、建筑物荷载变化部位、平面形状改变处、建筑物四角或沿外墙每10~15m处、具有代表性的支柱和基础上，均应设置观测点。

如图4-5所示，观测点可将角钢预埋在墙内；如是钢结构，则可将角钢焊在钢柱上。在建筑物平面部位的观测点，可将大于φ20的铆钉用1：2砂浆浇筑在建筑物上。

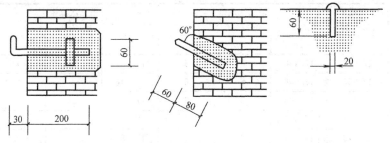

图4-5 沉降观测点的埋设（图示长度单位为"mm"）

(2) 观测时间、方法和精度要求

当基准点和观测点已埋设稳固，建筑物基础施工或基础垫层浇灌后，即进行第一次观测，此次观测成果即作为以后沉降变形的衡量依据。施工期间，每增加较大荷重，如高层建筑每增加1~2层时应观测一次；若地面荷重突然增加或周围大量开挖土方等，均应随时进行沉降观测；当发现变形有异常时，应进行跟踪观测。竣工后的观测周期，可视建筑物稳定情况而定。

在沉降观测过程中，应对基准点进行定期观测，以检查其稳定性。

沉降观测点的精度要求和观测方法，根据工程需要，可按表4-2所列选定。每次施测

沉降观测点的精度要求和观测方法 表 4-2

等级	点高程中误差(mm)	相邻点高差中误差(mm)	适用范围	使用仪器和观测方法	闭合差(mm)
一等	±0.3	±0.1	变形特别敏感的高层建筑物、高耸构筑物、重要古建筑、精密工程设施	S_{05}水准仪,按国家一等水准测量技术要求施测,视线不大于15m	$\leqslant 0.15\sqrt{n}$
二等	±0.5	±0.3	变形比较敏感的高层建筑物、高耸构筑物、古建筑、重要工程设施	S_{05}水准仪,按国家一等水准测量技术要求施测	$\leqslant 0.30\sqrt{n}$
三等	±1.0	±0.5	一般性高层建筑、工业建筑、高耸建筑、滑坡监测	S_{05}或S_1水准仪,按国家二等水准测量技术要求施测	$\leqslant 0.60\sqrt{n}$
四等	±2.0	±1.0	观测精度要求不高的建筑物、滑坡监测	S_1或S_3水准仪,按国家三等水准测量或视线三角高程测量技术施测	$\leqslant 1.4\sqrt{n}$

注:表中 n 为测站数。

前应对仪器进行检验。施测时,尽量做到三固定:固定观测人员、固定仪器、固定测站和转点,即观测路线相同,以减少系统误差的影响,提高观测精度。沉降观测除了采用水准测量的方法之外,还可以采用液体静力水准测量和立体摄影测量等方法。

(3) 沉降观测的成果整理

沉降观测应在每次观测时详细记录建筑物的荷重情况、施工进度、气象情况及注明日期,在现场及时检查记录中的数据和计算是否准确,精度是否合格。根据水准点的高程和改正后的高差计算出观测点的高程。用各观测点本次观测所得高程减上次观测得的高程,其差值即为该观测点本次沉降量 S;每次沉降量相加得累计沉降量 ΣS。沉降观测成果汇总表示例见表 4-3。

沉降观测成果汇总表 表 4-3

工程名称××××楼
工程编号: 仪器 N3 $N_O.117933$

点号	首次成果 96.6.25	第二次成果 96.7.10			第三次成果 96.7.25			⋯
	H_0	H	S	ΣS	H	S	ΣS	⋯
1	17.595	17.590	5	5	17.588	2	7	⋯
2	17.555	17.549	6	6	17.546	3	9	⋯
3	17.571	17.565	6	6	17.563	2	8	⋯
4	17.604	17.601	3	3	17.600	1	4	⋯
5	17.579	17.591	6	6	17.587	4	10	⋯
⋮	⋮	⋮	⋮	⋮	⋮	⋮	⋮	⋮
工程施工进展情况	浇灌底层楼板	浇灌二楼楼板			浇灌三楼楼板			⋯
静荷载 P	35kPa	55kPa			76kPa			⋯
平均沉降 $S_平$		5.0mm			2.4mm			⋯
平均沉降速度 $V_平$		0.33mm/月			0.16mm/月			⋯

沉降观测结束,应提供下列有关资料:

1) 沉降观测点位置图。

2) 沉降观测成果汇总表。

表 4-3 中"平均沉降"栏可由所有沉降点的沉降量计算：

$$S_{平} = \frac{\sum_{i=1}^{n} S_i}{n}$$

式中　n——建筑物上沉降观测点的个数。

"平均沉降速度"栏按下式算出：

$$V_{平} = \frac{S_{平}}{相邻两次观测的间隔天数}$$

平均沉降速度是发现及分析异常沉降变形的重要指标。

3) 荷载、时间、沉降量关系曲线图。

如图 4-6 所示，图中横坐标表示时间 T（d）。图中上半部分为时间与荷载关系曲线，其纵坐标表示建筑物荷载 P；下半部分为时间沉降量的关系曲线，其纵坐标表示沉降量 S。根据各观测点的沉降量与时间关系便可绘出全部观测点的沉降曲线。利用曲线图，可直观地看出沉降变形随时间发展的情况，也可以看出沉降变形与其他因素之间的内在联系。

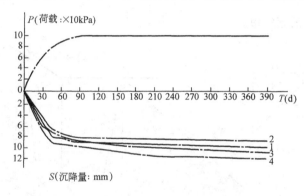

图 4-6　荷载、时间、沉降关系曲线图

4) 沉降观测分析报告。

沉降测量结束，须对全部资料进行加工、分析，以研究沉降变形的规律和特征，并提交沉降变形报告。对沉降观测点的变形分析，应符合下列规定：相邻两观测周期，相同观测点有无显著变化；应结合荷载、气象和地质等外界相关因素综合考虑，进行几何和物理分析。分析后的数据经阐述后才能成为实用的信息。

值得指出的是，由于一般建筑对均匀沉降不敏感，只要沉降均匀，即便沉降量稍大一些，建筑物的结构也不会有多大破坏。但不均匀沉降却会使墙面开裂甚至构件断裂，危及建筑物的安全。所以在沉降测量过程中，当出现不均匀沉降、沉降量异常或变形突增等情况时，需及时引起注意，提交变形异常分析报告，以便及时采取应变措施。

除提供以上有关资料外，若工程需要，还需提交沉降等值线图表示沉降在空间分布的情况和沉降曲线展开图（图中可看出各观测点及建筑物的沉降大小、影响范围）。

2.2　建筑物倾斜观测

不均匀沉降会导致建筑物、构筑物的倾斜。构筑物越高，倾斜就越明显，其影响就越大，因此对高耸的建筑物、构筑物应进行倾斜变形观测。

（1）一般建筑物的倾斜观测

建筑物的倾斜观测应在观测部位的相垂直的两面墙上进行，通常采用经纬仪投影法。如图4-7所示，在离建筑物墙面大于1.5倍墙高的地方选定固定观测点 A ，安置经纬仪，然后瞄准屋顶一固定观测点 M ，用正、倒镜取中点的方法定下面的观测点 m_1；同法，在与其相垂直的另一墙面方向上，距墙面大于或等于1.5倍墙高的固定观测点 B 处，安置经纬仪，瞄准上观测点 N ，定下观测点 n_1。每过一段时间，分别在原固定观测点 A、B 处安置经纬仪，观测 M、N 点，用正、倒镜取中点法，定下观测点 m_2、n_2。若 m_1 与 m_2、n_1 与 n_2 不重合，则说明建筑物发生了倾斜，用钢尺量得两方向上的偏移量 Δm、Δn，然后用矢量相加法可求得建筑物的总偏移量，即

$$\Delta=\sqrt{(\Delta m)^2+(\Delta n)^2} \tag{4-1}$$

建筑物的倾斜度计算如下：

$$i=\tan\alpha=\Delta/H \tag{4-2}$$

式中　H——建筑物高度；

　　　α——建筑物的倾斜角。

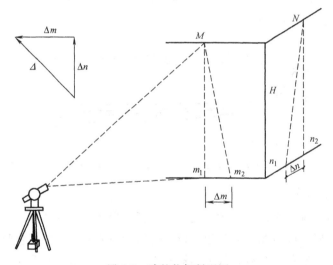

图4-7　建筑物倾斜观测

（2）圆形构筑物的倾斜观测

对圆形构筑物，如烟囱、水塔的倾斜观测，应在互相垂直的两个方向分别测出顶部中心对底部中心的偏移量，然后用矢量相加的方法，计算出总的偏差值及倾斜方向。

如图4-8所示，在圆形构筑物的纵、横轴线上，距构筑物大于或等于1.5倍构筑物高度的地方，分别建立固定观测点，在纵轴线观测点上安置经纬仪，在构筑物底部地面垂直视线方向设置一龙门架。然后分别照准烟囱底部边缘两点，向横木上投点，得1、2两点，量得其中点 A。再照准烟囱顶部边缘两点，向横木上投点，得3、4两点，量出其中点 A'，量得 A、A'两点间的距离 a，即为构筑物在横轴线方向上的中心垂直偏差。同样方法，在横轴线观测点上安置经纬仪，可测出纵轴线方向上的中心垂直偏差值 b。

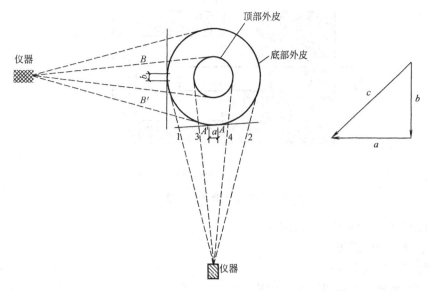

图 4-8 圆形建筑物倾斜观测

由矢量相加的方法可求得顶部中心对底部中心的总偏心距，即

$$c=\sqrt{a^2+b^2} \tag{4-3}$$

构筑物的倾斜度与建筑物的倾斜度计算相同，为：

$$i=c/H \tag{4-4}$$

式中 H——构筑物高度。

倾斜观测工作结束后，应提交下列成果：

1) 倾斜观测点位布置图；
2) 观测成果表、成果图；
3) 倾斜曲线图；
4) 观测成果分析资料。

2.3 建筑物裂缝观测

当发现建筑物有裂缝时，除了要增加沉降观测次数外，应立即检查建筑物裂缝的分布情况，对裂缝进行编号，并对每条裂缝定期进行裂缝观测。观测周期视裂缝大小、性质、开裂速度而定。

为了观测裂缝的发展情况，要在裂缝处设置标志。常用的标志有：石膏板标志、白铁片标志。

(1) 石膏板厚 10mm，宽约 50~80mm，长度视裂缝继续发展时，石膏板也随之开裂，这可直接反映出裂缝的发展情况。

(2) 白铁片标志。用两块白铁片，一片为 150mm×150mm 的正方形，固定在裂缝一侧，使其一边与裂缝边缘对齐；另一片为 50mm×200mm 的长方形，固定在裂缝的另一侧，并使其中一部分与正方形白铁片相叠，如图 4-9 所示，然后在两块白铁片表面涂上红漆，如裂缝继续发展，两块白铁片将逐渐拉开，露出正方形白铁片上原被覆盖没有涂红漆的部分，用尺子量出其宽度，即为裂缝加大的宽度。裂缝加大的宽度，连同观测时间一并记入观测记录中。

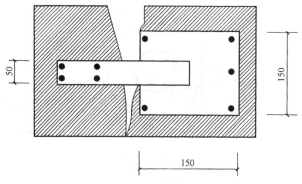

图 4-9 建筑物裂缝观测（单位：mm）

观测结束后，应提交下列成果：
1) 裂缝分布位置图；
2) 裂缝观测成果表；
3) 观测成果分析说明资料。

2.4 建筑物的水平位移观测

水平位移观测的目的是为了确定建筑物平面位移的大小及方向。方法是首先在其纵横方向上设置观测点及控制点。如已知其位移的方向，则只在此方向上进行观测即可。观测点与控制点最好位于同一直线上，控制点至少必须埋设三个，控制点之间的距离宜大于30m，以保证测量的精度。如图 4-10 所示，A、B、C 为控制点，M 为观测点。控制点必须埋设牢固、稳定的标桩，为了防止其变化，每次观测前应进行检查。建筑物上的观测点标志要牢固、明显。

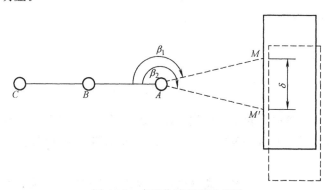

图 4-10 水平位移观测示意图

位移观测可采用正、倒镜投点的方法，亦可采用测角的方法求出位移值。设第一次在 A 点所测角度为 β_1，第二次测得角度为 β_2，两次观测角度的差数 $\Delta\beta = \beta_2 - \beta_1$，则建筑物的水平位移值：

$$\delta = \overline{AM}\,\frac{\Delta\beta''}{\rho''} \tag{4-5}$$

观测工作结束后，应提交下列成果：
1) 水平位移观测点布置图；

2）观测成果表；
3）水平位移曲线图；
4）观测成果分析资料等。

实 训 课 题

1. 建筑物垂直度观测（选择一幢建筑物进行倾斜观测和倾斜量计算）。所需设备有经纬仪 1 套，钢尺 1 把，记录板 1 块，伞 1 把。时间为两课时。完成附表十五。

2. 沉降观测（从单元 1 的水准路线测量时，布置第一次观测点，隔 2~3 周后测量一次，最后将观测数据进行记录、汇总、绘 t-S 曲线，整理观测成果）。所需设备有水准仪 1 套，水准尺 1 对，记录板 1 块，伞 1 把。时间为两课时。完成附表十六。

思考题与习题

1. 高层建筑垂直度控制有哪几种方法？各在什么情况下使用？
2. 建筑物的变形观测有哪几项工作？
3. 如何布设沉降观测点？
4. 沉降观测工作结束后，应提交哪些资料？

附录一　测量实训与实习须知

1　实训规则

1.1　目的与要求

测量实训的目的一方面是使学生验证和巩固课堂教学的理论知识，另一方面是让学生熟悉测量仪器的构造和使用方法，真正完成理论与实践相结合的过程，使学生增强感性认识，培养学生进行测量操作的基本技能；并通过实训报告与课堂作业加深对教学内容的理解，加强学生的数据计算和处理测量成果的能力。

1.2　准备工作

实训之前，学生必须复习教材中的有关内容，必须认真仔细地预习相关内容，明确实训的目的与要求、方法步骤及注意事项，以便顺利地按时完成任务。

1.3　实训组织

实训应分组进行。组长负责本组的全面组织协调工作。所用仪器物品，应以小组为单位，由组长负责向仪器室领借，办理领借和归还手续。实训仪器种类及数目，应清点清楚，如有不符或缺损，应及时向发放人员说明，做好书面记录，以分清责任。

1.4　实训的纪律及作业要求

（1）实训是十分重要的实践性教学环节，每个学生都必须严肃、认真地负责和操作，不得马虎潦草。在实验中，应积极发扬团结协助精神，服从组长分配工作，并积极负责完成。如暂未轮到或未被分到具体工作，亦应注意别人操作，不得在旁边取笑打闹或看与实训无关的书报杂志。

（2）实训应在规定的时间和地点进行，学生不得无故缺席或迟到、早退，不得擅自改变地点或离开现场。

（3）各小组借用的仪器工具均应注意妥善保管，整个实训过程中，应认真遵守《仪器、工具使用须知》。未经指导教师许可不得转借或调换，若发现有损坏、遗失，应立即向指导教师报告，按有关规定处理。

（4）在实训中，应严格遵守群众纪律，如遇有群众要求看仪器或询问时，应尽量解释，不应态度生硬，发生误会或冲突。

（5）实训结束时，应提交书写工整、规范的实训报告或记录，并经指导教师检查同意后，始得收验仪器、结束工作。

2 仪器、工具使用须知

(1) 携带仪器时，注意检查仪器箱是否关紧锁好，拉手、背带是否牢固。要轻拿轻放，以免使其碰撞、振动或背起时滑落摔坏。

(2) 开箱时，应注意仪器箱放置平稳；开箱后，应记清仪器在箱内的安放位置，以便按原样放回，要轻取轻放。取出后立即盖上箱盖，实验中不用的附件，不要挪动。

(3) 提仪器时，应先松开各制动螺旋，再用手握住仪器坚实部位，紧拿轻放，切勿用手提望远镜，以免损坏各部位间的连接。关好仪器箱，严禁在箱上坐人。

(4) 仪器放入箱内时，应先松开制动螺旋，至各部位放妥后，再扭紧制动螺旋；关箱时不能强压，关箱后及时加锁。

(5) 安仪器于三角架之前，要注意架腿高度适当，拧紧架腿螺旋。安置时，应双手握紧仪器及下盘，放平后一手扶持仪器，一手拧紧连接螺旋，注意装置牢固，但不应过紧。

(6) 仪器搬站时，对于长距离的平坦地段，应将仪器装箱，再行搬动；在短距离的平坦地段，应先检查连接螺旋是否旋紧，松开各部分制动螺旋，再收拢脚架，一手握仪器基座及支架，一手握脚架，面对仪器前进，以免碰伤仪器。严禁横扛仪器搬移。

(7) 在使用过程中，人不离仪器。严禁无人看管或将仪器靠在墙边或树上，以防跌损；严禁将水准尺、标杆依在树上、电线杆上或依在仪器上。应使其离开仪器平放。

(8) 使用中，各制动螺旋勿扭之过紧，免致损坏；各微动螺旋勿扭致极端，各校正螺旋扭动时应用大小厚薄合适的螺丝刀或校正针拧至松紧适度，以免损伤。

(9) 转动仪器任何部位时，均应先松开制动螺旋，不得用力猛转，动作要准确、轻捷，用力要均匀。某部分转动不灵时，不得硬扳。

(10) 严禁以手或粗布擦拭镜头，以免污损；严禁随意拆卸仪器。

(11) 使用仪器应防止日晒和风尘，应撑伞遮阳、遮风、遮雨。严禁仪器被日晒雨淋、大风沙天气应停止使用，并及时装箱。

(12) 使用钢尺应防压、防扭、防潮湿，用后擦净涂油，卷入盒内。不可用强力猛拉钢尺，以免扯断。皮尺应防潮。

(13) 水准尺、标杆禁止横向受力，以防弯曲变形，不得用水准尺与标杆抬东西或坐压。所有测量仪器工具严禁抛掷或用其打闹玩耍。

3 测量实训记录要求

(1) 所有观测成果均须用绘图铅笔（2H～3H）当场认真记入手簿内，不得另外用纸记载，再行转抄。

(2) 记录字体应端正清晰，按稍大于格高的一半用斜体工程字填写，留出空隙作改正错误用，不得潦草，不准用红铅笔或红墨水笔。

(3) 记录者应在记完数字后，再向观测者复诵一遍，以免听错、记错。记录数字如有错误，不得用橡皮擦拭或涂改，应用一斜线划去错误部分，在原字上方补记或另行记录正确数字，并在备注栏内注明错误原因。

(4) 记录数字要全,不得省略零位。如水准尺读数 1.300,度盘读数 150°00′00″、127°02′06″ 中的 "0" 均应填写。

(5) 按四舍六入、五前单进双不进的取数规则进行计算,如数字 1.2335 和 1.2345 均取值 1.234。

(6) 记录或实习报告应妥善保管,不得损毁或丢弃,以便考核成绩。如某页记错太多或此实训重做时,该页记录不可撕去,应用大字写"作废"字样而保留之。

附录二 测量实验参考表格

水准仪的构造与使用　　　　　　附表一

日期：_____ 班级：_____ 小组：_____ 姓名：_____ 成绩：_____

一、完成下列填空

安装仪器后，转动_____使圆水准器气泡居中，转动_____看清十字丝，通过_____粗瞄水准尺，转动_____精确照准水准尺，转动_____消除视差，转动_____使水准管气泡居中，最后读取读数。

二、完成手薄中高差计算

水准测量手簿

测站	点号	后视读数	前视读数	高差 +	高差 −	备注
	后视					
	前视					
	后视					
	前视					
	后视					
	前视					
验算	$\sum$	$\sum a=$	$\sum b=$	$\sum +h=$	$\sum -h=$	
	$\sum a-\sum b=$					

三、在下面填写学习中的疑难问题及新设想

闭合水准路线 附表二

班　组＿＿＿＿＿＿＿＿　　日期＿＿＿＿＿＿＿＿＿＿　　观测＿＿＿＿＿＿＿
仪器编号＿＿＿＿＿＿＿　　天气＿＿＿＿＿＿＿＿＿＿　　记录＿＿＿＿＿＿＿

测站	测点	后视读数 a(m)	前视读数 b(m)	高差 h(m)			高程 H(m)	备　注
				实测 h	改正数 v	改正后 h		
							100.000	已知点
计算检核		$\sum a=$	$\sum b=$	$\sum h=$	$\sum v=$	$\sum h_{改}=$	$H_{终}-H_{始}=$	
		$\sum a-\sum b=$			$\sum h=$			

精度计算：

疑难问题及新设想：

水准仪的检验与校正　　　　　　附表三

日期：_____ 班级：_____ 小组：_____ 仪器编号：_____ 成绩：_____

(1) 一般检查

三脚架是否牢固		校正后情况	
制动及微动螺旋是否有效			
其他			

(2) 圆水准器轴平行于竖轴

转180°检验次数	气泡偏离情况(mm)	校正后情况
1		
2		

(3) 十字丝横丝垂直于竖轴

检验次数	误差情况	校正后情况
1		
2		

(4) 视准轴应平行于水准管轴（i 角 $= \Delta h \cdot \rho'' / D_{AB}$ 应 $\leqslant 20''$，$\Delta h = a_2 - a_2'$）

	仪器在中点求正确高差			仪器在 B 点旁检验校正	
第一次	A 点尺上读数 a_1		第一次	B 点尺上读数 b_2	
	B 点尺上读数 b_1			A 点尺上读数 a_2	
	$h_1 = a_1 - b_1$			A 点尺上应读数 $a_2' = b_2 + h$	
				视准轴偏上（或偏下）之数值 i 角	
第二次	A 点尺上读数 a_3		第二次	B 点尺上读数 b_4	
	B 点尺上读数 b_3			A 点尺上读数 a_4	
	$h_2 = a_3 - b_3$			A 点尺上应读数 $a_4' = b_4 + h$	
				视准轴偏上（或偏下）之数值 i 角	
平均值	平均高差 $h = \dfrac{1}{2}(h_1 + h_2)$		校正后	B 点尺上读数 b	
				A 点尺上读数 a	
				A 点尺上应读数 $a' = b + h$	
				视准轴偏上（或偏下）之数值 i 角	

疑难问题及新设想：

经纬仪的构造与使用　　　　　　　附表四

日期：_____ 班级：_____ 小组：_____ 姓名：_____ 成绩：_____

一、水平角观测记录

水平角观测手簿

测站	竖盘位置	目标	水平度盘读数			水平角值			备注
			°	′	″	°	′	″	

二、试写出所用经纬仪照准起始目标，使水平度盘读数为 $0°00′00″$ 的操作步骤

三、疑难问题及新设想

水平角观测手簿（测回法）　　　　　附表五

日期：_____　班级：_____　小组：_____　姓名：_____　成绩：_____

测站	盘位	目标	水平度盘读数 (° ′ ″)	半测回角值 (° ′ ″)	一测回角值 (° ′ ″)	各测回角值 (° ′ ″)	备注
	左						
	右						
	左						
	右						
	左						
	右						
	左						
	右						
	左						
	右						
	左						
	右						
	左						
	右						

疑难问题及新设想：

竖 直 角 观 测　　　　　　附表六

日期：_____ 班级：_____ 小组：_____ 姓名：_____ 成绩：_____

一、写出竖直角计算公式

(1) 在盘左位置视线水平时，竖盘读数是_____度，上仰望远镜读数是_____（增加或减少），所以 $\alpha=$ _____。

(2) 在盘右位置视线水平时，竖盘读数是_____度，上仰望远镜读数是_____（增加或减少），所以 $\alpha=$ _____。

二、将竖直角观测成果记入手簿

竖 直 角 观 测 手 簿

测站	目标	竖盘位置	竖盘读数 ° ′ ″	竖直角 ° ′ ″	竖盘指标差 ″	平均竖直角 ° ′ ″	备注
		左					
		右					
		左					
		右					
		左					
		右					
		左					
		右					
		左					
		右					

三、根据竖直角观测记录回答下列问题（填入括号中）

(1) 所用仪器有无指标差？（　　）；是多少？（　　）；在盘左测得的竖直角中加（　　）就能得到正确的竖直角。

(2) 在盘右位置，十字丝照准被观测过的目标，竖盘的应读数是多少？（　　）

(3) 校正前转动指标水准管微动螺旋，当读竖盘应读数时，该水准管气泡是否仍然居中？（　　）；校正时拨什么部件使气泡居中？（　　）。

四、疑难问题及新设想

经纬仪检验与校正   附表七

班级：_____ 小组：_____ 仪器编号：_____ 成绩：_____

日期：   天气：   仪器号码：   观测员：   记录员：

(1) 一般检查

三脚架是否牢固		螺旋洞等处是否清洁	
仪器转动是否灵活		望远镜成像是否清晰	
制动及微动螺旋是否有效		其他	

(2) 水准管轴垂直于竖轴

检验（照准部转180°）次数	1	2	3	4	校正后
气泡偏离格数					

(3) 十字丝竖丝垂直于横轴

检验次数	误 差 情 况	校正后情况
1		
2		

(4) 视准轴垂直于横轴（$2c$ 差）二分之一法

	仪器	检查项目	水平度盘读数		检查项目	水平度盘读数
检查	位置 O 望远镜照准 B	盘左 B_1		校正后复查	盘左 B_1	
		盘右 B_2			盘右 B_2	
		B_2-B_1			B_2-B_1	
		$(B_2-B_1)\pm 180°$			$(B_2-B_1)\pm 180°$	

(5) 横轴垂直于竖轴

第一次检验	记 录	第二次检验	记 录
瞄准高点 A 时的竖直角		瞄准高点 A 时的竖直角	
仪器离墙面的距离		仪器离墙面的距离	
盘左盘右 A 点在水平方向上横尺的读数差 $P_1P_2=$		盘左盘右 A 点在水平方向上横尺的读数差 $P_1P_2=$	
P_1 在 P_2（左、右）		P_1 在 P_2（左、右）	

(6) 竖盘指标差

目标	次	竖盘位置	竖盘读数	竖盘指标差	备 注
	1	左			
		右			
	2	左			
		右			

疑难问题及新设想：

全站仪使用 　　　　　　　　　　　附表八

班级：_____ 小组：_____ 姓名：_____ 成绩：_____

日期：_____ 天气：_____ 仪器号码：_____ 观测员：_____ 记录员：_____

一、填写内容

测　站	目　标	水平角	水平距离	示　意　图

二、若要直接测量每点的坐标，需要输入哪些数据，如何操作

三、疑难问题及新设想

墙体分格线弹线 　　　　　　　　　　　附表九

班级：_____ 小组：_____ 姓名：_____ 成绩：_____

日期：_____ 天气：_____ 仪器号码：_____ 观测员：_____ 记录员：_____

外墙饰面砖分隔线实习报告

轴线名称	水平线设计值(mm)	水平线实测值(mm)	水平线偏差值(mm)	竖直线设计值(mm)	竖直线实测值(mm)	竖向偏差值(mm)

疑难问题及新设想：

测 设 已 知 高 程　　　附表十

班级：_____ 小组：_____ 姓名：_____ 成绩：_____
日期：_____ 天气：_____ 仪器号码：_____ 观测员：_____ 记录员：_____

一、高程测设

（1）测设过程描述

（2）高程测设手簿

测站	水准点号	水准点高程	后视	视线高	测点编号	设计高程	桩顶应读数	桩顶实读数	桩顶挖填数

（3）高程检测手簿

测站	水准点号	水准点高程	后视	视线高	测点编号	设计高程	检测高程	设计高程	测设误差

二、疑难问题及新设想

测 设 直 角　　　　　　附表十一

班级：_____　小组：_____　姓名：_____　成绩：_____

日期：　　天气：　　仪器号码：　　观测员：　　记录员：

一、简易法及经纬仪法测设

（1）测设过程描述

1）简易法

2）经纬仪法

水平角测设手簿

测站	设计角值 °′″	竖盘位置	目标	水平度盘置数 °′″	测设略图	备注
		左				
		右				
		左				
		右				

水平角检测手簿

测站	竖盘位置	目标	水平度盘置数 °′″	角值 °′″	平均角值 °′″	备注

二、两种方法测量结果对比

三、疑难问题及新设想

测设主轴线交点   附表十二

班级：_____ 小组：_____ 姓名：_____ 成绩：_____

日期：   天气：   仪器号码：   观测员：   记录员：

一、测设过程描述

二、测设记录表

基准线	主轴线交点	测设数据	测设简图
基准点			
测设方法			
检测结果			

三、疑难问题及新设想

楼 梯 放 样   附表十三

班级：_____ 小组：_____ 姓名：_____ 成绩：_____

日期：   天气：   仪器号码：   观测员：   记录员：

一、测设过程描述

二、楼梯分级实训记录表

踏 步 数				
踏步级宽(mm)				
踏步级高(mm)				
最大级差(mm)				
踏步面水平(mm)				
踢脚面垂直度偏差(%)				

梁、板放线实验报告

梁、板编号				
垂直度偏差(mm)				
高度偏差(mm)				
厚度偏差(mm)				
平面位置(mm)				
水平度偏差(%)				
垂直度偏差(%)				

三、疑难问题及新设想

极 坐 标 法 放 样　　　　　　　　　　附表十四

班级：_____　小组：_____　姓名：_____　成绩：_____

日期：　　　天气：　　　仪器号码：　　　观测员：　　　记录员：

一、放样过程描述及相关计算过程

二、放样记录表

已知点名称及坐标	放样点名称及坐标	放样数据	放样简图
检测结果			

三、疑难问题及新设想

垂 直 度 观 测　　　　　　　　　　附表十五

班级：_____　小组：_____　姓名：_____　成绩：_____

日期：　　　天气：　　　仪器号码：　　　观测员：　　　记录员：

一、观测过程描述

二、观测记录表

建筑物名称	观测点编号	高　度	偏离量	简　图
观测地点				
总倾斜量		总倾斜角		

三、疑难问题及新设想

沉 降 观 测　　　　　附表十六

班级：_____ 小组：_____ 姓名：_____ 成绩：_____

日期：　　　　天气：　　　　仪器号码：　　　　观测员：　　　　记录员：

一、观测方法描述

二、观测记录表

工程名称：　　　　　　　　仪器名称：　　　　　　　仪器编号：

点 号	首次成果	第二次成果			第三次成果			第四次成果		
	H_0	H	S	ΣS	H	S	ΣS	H	S	ΣS
1										
2										
3										
4										
5										
6										
7										
8										
9										
平均沉降 $S_平$										
平均沉降速度 $V_平$										

三、绘制时间沉降曲线

四、疑难问题及新设想

附录三 综合实训内容及安排

1. 综合实训内容

(1) 大比例尺地形图的测绘

根据学校具体情况,选用一定面积(50m×100m)的地形进行大比例尺地形图的测绘工作。建立简单的控制网,进行控制测量,绘制大比例尺(1:500)地形图。

(2) 计算地形图面积。

根据所绘地形图,计算该地形图的面积。

(3) 场地平整

在地形图上设计场地平整格网,在现场打方格桩,测桩顶高程值,计算设计标高和填挖土方量,确定边界线。

(4) 简易建筑物设计

根据地形图的具体情况,设计一简易建筑物的形状、位置和大小。计算建筑物主轴线交点的坐标,计算建筑物的面积。

(5) 建筑物定位放线

根据所设计的建筑物及教师所给的基准线确定该建筑物的建筑基线(建筑基线形式各组自己设计),钉设建筑物主轴线交点桩,钉设龙门板。

(6) 建筑物轴线引测和垂直度计算

在已建的建筑物适当位置(例如楼梯边)利用垂球进行建筑物轴线引测工作或带学生到工地进行实地放线。用经纬仪进行建筑物垂直度观测。

2. 时间分配表(3周)

内　　容	时　　间
实训动员和内容、目的和方法讲解,仪器检校	1d
大比例尺地形图的测绘	7d
计算地形图面积	1d
场地平整	1d
简易建筑物设计	1d
建筑物定位放线	2d
建筑物轴线引测和垂直度计算	1d
整理资料,写小结	1d

参 考 文 献

[1] 《建筑工人》杂志编辑部. 建筑测量工程技术. 北京：中国计划出版社，1999
[2] 建设部人事教育司组织编写. 测量放线工. 北京：中国建筑工业出版社，2002
[3] 秦根杰主编. 看图学施工测量技术. 北京：机械工业出版社，2004
[4] 刘玉珠主编. 土木工程测量. 广州：华南大学出版社，2001
[5] 赫延锦主编. 建筑工程测量. 北京：科学出版社，2001
[6] 李生平主编. 建筑工程测量. 北京：高等教育出版社，2004
[7] 李向民编. 房地产测绘. 北京：中国建筑工业出版社，2000
[8] 彭福坤，彭庆主编. 土木工程施工测量手册. 北京：中国建材出版社，200
[9] 王永臣，王翠玲编. 放线工手册. 北京：中国建筑工业出版社，1999
[10] 吕去麟等编. 建筑工程测量. 北京：中国建筑工业出版社，1997
[11] 张希黔等编. GPS在建筑施工中的应用. 北京：中国建筑工业出版社，2003
[12] JGJ/T 8—97 建筑变形测量规程. 北京：中国建筑工业出版社，1997
[13] 中华人民共和国国家标准. GB 50026—93 工程测量规范. 北京．中国计划出版社，1993
[14] 工程建设标准规范分类汇编. 2000年版测量规范化. 北京：中国建筑工业出版社，2000
[15] 陈昌乐编著. 建筑工程测量. 北京：中国建筑工业出版社，1997
[16] 南方测绘仪器公司自编. 南方全站仪NTS—660说明书
[17] 武汉测绘科技大学《测量学》编写组. 测量学. 第三版. 北京：测绘出版社，1991
[18] 合肥工业大学等. 测量学. 第四版. 北京：中国建筑工业出版社，1995
[19] 李青岳，陈永奇主编. 工程测量学. 修订版. 北京：测绘出版社，1995
[20] 苗景荣主编. 建筑工程测量. 北京：中国建筑工业出版社，2003
[21] 李生平主编. 建筑工程测量. 武汉：武汉工业大学出版社，1997
[22] 吴洪强，陈武新主编. 测量学. 哈尔滨：哈尔滨地图出版社，2004
[23] 同济大学测量系，清华大学测量教研室. 测量学（土建类专业用）. 北京：测绘出版社，1991